江苏省文化产业引导资金文化艺术精品项目
江苏省"十三五"重点图书出版规划项目

阿里传统建筑

与村落

汪永平 宗晓萌 曾庆璇 徐二帅 编著

Ali Traditional Archiecture and Village

Himalayan Series of Urban and Architectural Culture

行走在喜马拉雅的云水间

序

2015年正值南京工业大学建筑学院（原南京建筑工程学院建筑系）成立三十周年，我作为学院的创始人，在10月举办的办学三十周年庆典和学术报告会上，汇报了自己和团队自1999年以来走进西藏、2011年走进印度、围绕喜马拉雅山脉17年以来所做的研究。研究成果的体现，便是这套"喜马拉雅城市与建筑文化遗产丛书"问世。

出版这套丛书（第一辑15册）是笔者和学生们多年的宿愿。17年来我们未曾间断，前后百余人，30多次进入西藏调研，7次进入印度，3次进入尼泊尔，在喜马拉雅山脉相连的青藏高原、克什米尔谷地、拉达克列城、加德满都谷地都留下了考察的足迹。研究的内容和范围涉及城市和村落、文化景观、宗教建筑、传统民居、建筑材料与技术等与文化遗产相关的领域，完成了50篇硕士学位论文和4篇博士学位论文，填补了国内在喜马拉雅文化遗产保护研究上的空白，并将藏学研究和喜马拉雅学的研究结合起来。研究揭

示了喜马拉雅山脉不仅是我们这一星球上的世界第三极，具有地理坐标和地质学的重要意义，而且在人类的文明发展史和文化史上具有同样重要的价值。

喜马拉雅山脉东西长2 500公里，南北纵深300~400公里，西北在兴都库什山脉和喀喇昆仑山脉交界，东至南迦巴瓦峰雅鲁藏布大拐弯处。在喜马拉雅山脉的南部，位于南亚次大陆的印度主要由三个地理区域组成：北部喜马拉雅山区的高山区、中部的恒河平原以及南部的德干高原。这三个区域也就成为印度文明的大致分野，早期有许多重要的文明发迹于此。中国学者对此有着准确的描述，唐代著名学者道宣（596—667）在《释迦方志》中指出："雪山以南名为中国，坦然平正，冬夏和调，卉木常荣，流霜不降。"其中"雪山"指的便是喜马拉雅山脉，"中国"指的是"中天竺国"，即印度的母亲河恒河中游地区。

季羡林先生把古代世界文化体系分为中国、印度、希腊和伊斯兰四大文化，喜马拉雅地区汇聚了世界上

四大文化的精华。自古以来，喜马拉雅不仅是多民族的地区，也是多宗教的地区，包括了苯教、印度教、佛教、耆那教、伊斯兰教以及锡克教、拜火教。起源于印度的佛教如今在印度的影响力已经不大，但佛教通过传播对印度周边的国家产生了相当大的影响。在中国直接受到的外来文化的影响中，最明显的莫过于以佛教为媒介的印度文化和希腊化的犍陀罗文化。对于这些文化，如不跨越国界加以宏观、大系统考察，即无从正确认识。所以研究喜马拉雅文化是中国东方文化研究达到一定阶段时必然提出的问题。

从东晋时法显游历印度并著书《佛国记》开始，中国人对印度的研究有着清晰的历史脉络，并且世代传承。唐代玄奘求学印度并著书《大唐西域记》；义净著书《大唐西域求法高僧传》和《南海寄归内法传》；明代郑和下西洋，其随从著书《瀛涯胜览》《星槎胜览》《西洋番国志》，对于当时印度国家与城市都有详细真实的描述。进入 20 世纪后，中国人继续研究印度。

蔡元培在北京大学任校长期间，曾设"印度哲学课"。胡适任校长后，又增设东方语言文学系，最早设立梵文、巴利文专业（50 年代又增加印度斯坦语），由季羡林和金克木执教。除了季羡林和金克木，汤用彤也是印度哲学研究的专家。这些学者对《法显传》《大唐西域记》《大唐西域求法高僧传》和《南海寄归内法传》进行校注出版，加入了近代学者科学考察和研究的新内容，在印度哲学、文学、语言文化、历史、地理等领域多有建树。在中国，研究印度建筑的倡始者是著名建筑学家刘敦桢先生，他曾于 1959 年初率我国文化代表团访问印度，参观了阿旃陀石窟寺等多处佛教遗址。回国后当年招收印度建筑史研究生一人，并亲自讲授印度建筑史课，这在国内还是独一无二的创举。1963 年刘敦桢先生 66 岁，除了完成《中国古代建筑史》书稿的修改，还指导研究生对印度古代建筑进行研究并系统授课，留下了授课笔记和讲稿，并在《刘敦桢文集》中留下《访问印度日记》一文。可惜 1962 年中印关系恶化，以致影响了向印度派遣留学生的计划，随后不久的"十年动乱"，更使这一研究被搁置起来。由于历史的原因，近代中国印度文化研究的专家、学者难以跨越喜马拉雅障碍进入实地调研，把青藏高原的研究和喜马拉雅的研究结合起来。

意大利著名学者朱塞佩·图齐（1894—1984）是西方对于喜马拉雅地区文化探索的先驱。1925—1930 年，他在印度国际大学和加尔各答大学教授意大利语、汉语和藏语；1928—1948 年，图齐八次赴藏地考察，他的前五次（1928、1930、1931、1933、1935）藏地考察均从喜马拉雅山脉的西部，今天克什米尔的斯利那加（前三次）、西姆拉（1933）、阿尔莫拉（1935）动身，沿着河流和山谷东行，即古代的中印佛教传播和商旅之路。他首次发现了拉达克森格藏布河（上游在中国境内叫狮泉河，下游在印度和巴基斯坦叫印度河）河谷的阿契寺、斯必提河谷（印度喜马偕尔邦）的塔波寺（西藏藏佛教后弘期重要寺庙，

两处寺庙已经列入《世界文化遗产名录》），还考察了托林寺、玛朗寺和科迦寺的建筑与壁画，考察的成果便是《梵天佛地》著作的第一、二、三卷。正是这些著作奠定了图齐研究藏族艺术和藏传佛教史的基础。后三次（1937、1939、1948）的藏地考察是从喜马拉雅中部开始，注意力转向卫藏。1925—1954 年，图齐六次调查尼泊尔，拓展了在大喜马拉雅地区的活动，揭开了已湮没的王国和文化的神秘面纱，其中印度和藏地的邂逅是最重要的主题。1955—1978 年，他在巴基斯坦北部的喜马拉雅山麓，古代称之为乌仗那的斯瓦特地区开展考古发掘，期间组织了在阿富汗和伊朗的考古发掘。他的一生学术成果斐然，成为公认的最杰出的藏学家。

图齐的研究不仅涉及佛教，在印度、中国、日本的宗教哲学研究方面也颇有建树。他先后出版了《中国古代哲学史》和《印度哲学史》，真正做到"跨越喜马拉雅、扬帆印度洋"，将中印文化的研究结合起来。

终其一生，他的研究都未离开喜马拉雅山脉和区域文化。继图齐之后，国际上对于喜马拉雅的关注，不仅仅局限于旅游、登山和摄影爱好者，研究成果也未囿于藏传佛教，这一地区的原始宗教文化艺术，包括印度教、耆那教、伊斯兰教甚至苯教都得到发掘。笔者手头上就有近几年收集的英文版喜马拉雅艺术、城市与村落、建筑与环境、民俗文化等多种书籍，其中有专家、学者更提出了"喜马拉雅学"的概念。

长期以来，沿着青藏高原和喜马拉雅旅行（借用藏民的形象语言"转山"）时，笔者产生了一个大胆的想法，将未来中印文化研究的结合点和突破口选择在喜马拉雅区域，建立"喜马拉雅学"，以拓展藏学、印度学、中亚学的研究范围和内容，用跨文化的视野来诠释历史事件、宗教文化、艺术源流，实现中印间的文化交流和互补。"喜马拉雅学"包含了众多学科和领域，如：喜马拉雅地域特征——世界第三极；喜马拉雅文化特征——多元性和原创性；喜马拉雅生态特征——多样性等等。

笔者认为喜马拉雅西部，历史上"罽宾国"（今天的克什米尔地区）的文化现象值得借鉴和研究。喜马拉雅西部地区，历史上的象雄和后来的"阿里三围"，是一个多元文化融合地区，也是西藏与希腊化的犍陀罗文化、克什米尔文化交流的窗口。罽宾国是魏晋南北朝时期对克什米尔谷地及其附近地区的称谓，在《大唐西域记》中被称为"迦湿弥罗"，位于喜马拉雅山的西部，四面高山险峻，地形如卵状。在阿育王时期佛教传入克什米尔谷地，随着西南方犍陀罗佛教的兴盛，克什米尔地区的佛教渐渐达到繁盛点。公元前1世纪时，罽宾的佛教已极为兴盛，其重要的标志是迦腻色迦（Kanishka）王在这里举行的第四次结集。4世纪初，罽宾与葱岭东部的贸易和文化交流日趋频繁，谷地的佛教中心地位愈加显著，许多罽宾高僧翻越葱岭，穿过流沙，往东土弘扬佛法。与此同时，西域和中土的沙门也前往罽宾求经学法，如龟兹国高僧佛图澄不止一次前往罽宾学习，中土则有法显、智猛、法勇、玄奘、悟空等僧人到罽宾求法。

如今中印关系改善，且两国官方与民间的经济、文化合作与交流都更加频繁，两国形成互惠互利、共同发展的朋友关系，印度对外开放旅游业，中国人去印度考察调研不再有任何政治阻碍。更可喜的是，近年我国愈加重视"丝绸之路"文化重建与跨文化交流，提出建设"新丝绸之路经济带"和"21世纪海上丝绸之路"的战略构想。"一带一路"倡议顺应了时代要求和各国加快发展的愿望，提供了一个包容性巨大的发展平台，把快速发展的中国经济同沿线国家的利益结合起来。而位于"一带一路"中的喜马拉雅地区，必将在新的发展机遇中起到中印之间的文化桥梁和经济纽带作用。

最后以一首小诗作为前言的结束：

我们为什么要去喜马拉雅？

因为山就在那里。
我们为什么要去印度？
因为那里是玄奘去过的地方，
那里有玄奘引以为荣耀的大学
——那烂陀。

行走在喜马拉雅的云水间，
不再是我们的梦想。
边走边看，边看边想；
不识雪山真面目，只缘行在此山中。

经历是人生的一种幸福，
事业成就自己的理想。
慧眼看世界，视野更加宽广。
喜马拉雅，
不再是阻隔中印文化的障碍，
她是一带一路的桥梁。

在本套丛书即将出版之际，首先感谢多年来跟随笔者不辞辛苦进入青藏高原和喜马拉雅区域做调研的本科生和研究生；感谢国家自然科学基金委的立项资助；感谢西藏自治区地方政府的支持，尤其是文物部门与我们的长期业务合作；感谢江苏省文化产业引导资金的立项资助。最后向东南大学出版社戴丽副社长和魏晓平编辑致以个人的谢意和敬意，正是她们长期的不懈坚持和精心编校使得本书能够以一个充满文化气息的新面目和跨文化的新内容出现在读者面前。

主编汪永平

2016 年 4 月 14 日形成于乌兹别克斯坦首都塔什干 Sunrise Caravan Stay 一家小旅馆庭院的树荫下，正值对撒马尔罕古城、沙赫里萨布兹古城、布哈拉、希瓦（中亚四处重要世界文化遗产）考察归来。修改于 2016 年 7 月 13 日南京家中。

目 录
CONTENTS

喜马拉雅

城市与建筑文化遗产 丛书

喜马拉雅　城市与建筑文化遗产丛书

第一章　阿里概况

第一节　名称由来

"阿里"意为"属地""领地"。目前，藏学家普遍认为，这里在 7 世纪以前是一个强大的部落联盟王国——"象雄"。根据汉文史籍的记载，不同朝代对该地区的称呼不同，9 世纪前称"大羊同"，元代称"纳里速古鲁孙"，明代称"俄里思"，清代称"阿里"。

在藏文古籍中，"阿里"一词是 9 世纪中叶以后才出现的。

第二节　自然概况

1. 地形地貌

阿里地区位于西藏自治区西部，境内群山竞高，域内自上而下有喀喇昆仑、冈底斯、喜马拉雅三条西北—东南走向的巨大山脉。西藏高原海拔自东南向西北逐次升高，而阿里高原正是西藏西北的最高处。阿里地区平均海拔高度在 4 500 米以上，地形较为复杂，被称为"世界屋脊的屋脊"。

该地区高山及河流皆较多，有"万山之祖"及"百川之源"的称号；其地形和气候多样、复杂，拥有数十座 6 000 米以上的高峰，其中素有"神山"之称的冈仁波齐峰（6 714 米）便是冈底斯山脉的主峰。冈底斯山脉与喜马拉雅山脉平行，呈西北—东南走向，西起喀喇昆仑山脉东南部的萨色尔山脊，东至念青唐古拉山脉。该山脉横贯西藏西南，为内陆水系与印度洋水系的分水岭。主峰冈仁波齐峰四壁非常对称，南壁上从峰顶垂直而下的冰槽与横向的山体岩层组成极似佛教万字纹的图案，不止佛教教徒将该山峰视为吉祥的神山，印度教教徒、苯教教徒也都将该山峰认定为世界的中心，每年从四面八方前来转山参拜的信徒络绎不绝。

阿里境内的四条重要河流发源于冈仁波齐峰附近，分别流向东、南、西、北四个方向，这四条大河哺育了历代的阿里人。流向东方的是当却藏布——马泉河，雅鲁藏布江的源头；流向南方的是马甲藏布——孔雀河，下游为恒河的重要支流；流向西方的是朗钦藏布——象泉河，河畔周边的金矿丰富；流向北方的是森格藏布——狮泉河，下游为印度河（图 1-1）。

阿里地区不仅有较多的河流，亦有大大小小的湖泊一百多个，即藏语的"错"。该地区的湖泊多属内陆湖，而且大多为盐湖，其中部分小型湖泊往往是夏季成湖，冬季就变干了。

图 1-1　冈仁波齐峰及四条河流

2. 气候特征

地形地貌的特征决定以冈底斯山为界的南北两区有着气候上的差别。北部地区气候寒冷，最暖月平均气温还不到 10℃，年降水（雪）量 75~180 毫米，属于高原寒带干旱半干旱气候，为纯牧业经济区，基本无农业分布；而南部地区气候相比北部地区温暖，最暖月平均气温在 10℃以上，年降水量 400~500 毫米，属于亚寒带季风半湿润半干旱气候，故而该地能种植小麦、青稞等喜凉作物，有些地区甚至还能种植温带的水果、蔬菜等。

3. 地质构造

据地质学家考证，在 245 万至 600 万年前，喜马拉雅山和冈底斯山之间原本是一片浩瀚的大湖，湖水来源于南北山脉的冰雪融水。冰雪融水在注入湖泊的过程中，携带了大量的黏土和砾石，经历数百万年的积累，在湖底形成了厚达近 1 900 米的土石混合堆积物。其后，造山运动使得高原隆起、湖泊消失，厚重的堆积物浮现出来，经过持续的风雨侵蚀，形成夹杂砾卵石层的棕黄色、褐色或灰黄色的半胶结细粉沙层。其外貌颇似黄土，且由于有钙质胶结，具有类似黄土的直立不倒

图 1-2　土林地貌

与大孔隙等性质，因而被形象地称为"土林"（图1-2）。与黄土高原类似，该地常见深达一二百米、极难渗水、直立性很强的黄土，为窑洞提供了很好的发展前提。同时，气候干燥少雨、冬季寒冷、木材较少的自然状况，也为冬暖夏凉、十分经济的洞窟建筑创造了发展的契机。

4. 资源状况

阿里独特的高原环境、气候，为其提供了广阔的自然资源。

（1）得天独厚的太阳能资源：阿里纬度较低，太阳高度角较大，单位面积所接受的辐射量大，加上平均海拔在4 500米以上，大气层薄，二氧化碳含量少，空气中所含杂质和水汽少，干净清洁，透明度好，云量少，日照时间长，因此太阳能资源丰富，这大大地弥补了阿里地区海拔高、气温低的不足，在太阳能利用方面阿里已走在全国的最前列。

（2）丰富多彩的植物资源：阿里的日温差大，有"一天度四季，全年备寒装"的说法。阿里无人区盛产雪莲，雪莲是西藏药材中的奇异珍品，有很高的药用价值。

（3）丰富的水资源：阿里高原号称"千山之巅、万水之源"。中国许多大河源于阿里，如著名的雅鲁藏布江的源头马泉河、狮泉河、象泉河均源自于冈底斯山。优质的河水可以浇灌农田，建造水力电站提供能源。

（4）前景广阔的畜牧业：阿里的畜牧业，仅次于那曲地区，是当地的经济支柱。阿里丰富的草场是各种牲畜得天独厚的乐园，阿里的牲畜以牦牛、绵羊、山羊为主，为藏民们提供丰富的肉、乳、毛皮等畜产品。

5.行政区划

阿里地区总面积近 34.5 万平方公里，约占西藏自治区面积的四分之一，象雄王国时期人口约 6 万，古格王朝时期人口约有 10 万。清后期，由于战争伤亡，阿里人口大幅减少，至 1959 年，总人口约 3 万人。2010 年底，阿里总人口约 9.58 万，人口密度很低。该地区的行政中心设在狮泉河镇，现下辖日土、噶尔、札达、普兰、革吉、改则、措勤七个县（图 1-3）。由于自然地理环境的差异，七个县区的环境各有特色。

冈底斯山脉像一道屏障将阿里地区分作南、北两个不同自然环境的区域。北部区域大致包括日土、噶尔、革吉、改则、措勤五个县，主要地貌是巨大的山系及湖泊，降水量很少，且河流较短，河流切割作用较小，属于高原寒带干旱半干旱气候，植被极为稀少，为纯牧业经济区。

南部区域主要包括札达、普兰两县，是喜马拉雅山脉与冈底斯山脉之间的小型河谷平原及盆地地形，海拔在 4 000 米左右，狮泉河、象泉河、孔雀河等河流流经该区域，并进入克什米尔、印度等地。

该区域内的许多地方河流切割较深，地形较复杂，札达县境内为湖相沉积侵

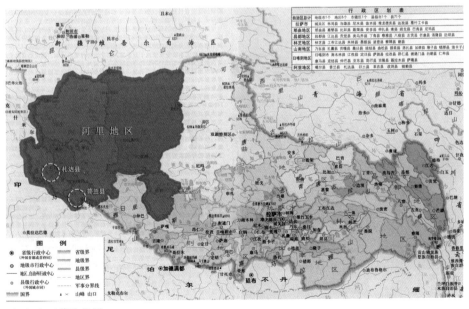

（a）在西藏的位置

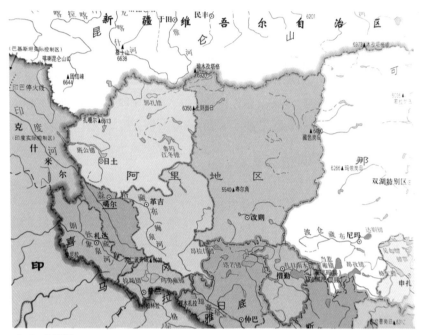

（b）政区图

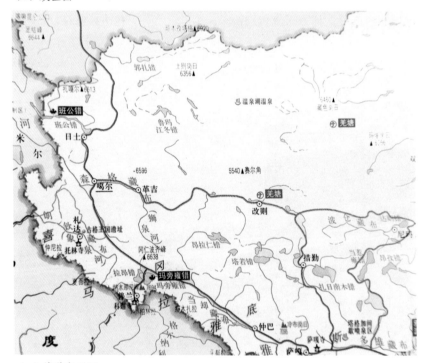

（c）旅游交通图

图 1-3　阿里区位图

蚀地貌，古湖的沉积物基本成岩，形成土质的山林。土林在外力的侵蚀下，显现出类似碉楼、塔等千姿百态、高低错落的景观，成为阿里地区著名的自然地貌景观。该区域属高原亚寒带季风半湿润半干旱气候，年温差较小，日温差较大，能种植小麦、青稞等喜凉作物，部分地区能种植温带果木蔬菜，并有小片森木分布，为半农半牧经济区，也是阿里地区的主要农业分布区。

（1）日土县

日土县是西藏自治区边境县之一，地处阿里地区最北端，距离首府狮泉河镇约130公里，与印度控制的克什米尔区域接壤，境内平均海拔4 600米，面积约7.5万平方公里。总人口近8 000人，地域辽阔，人口密度小，经济以牧业为主，农牧结合。该县区边境有大小通外山口25处，传统边贸市场7个。

噶厦政府时期，日土宗分为宗政府及拉让两部分，宗政府的官员由噶厦政府直接委派，拉让下属于拉萨色拉寺。1961年，日土曾由新疆维吾尔自治区管辖，1978年划归阿里地区管辖至今。

境内的班公湖是该县的著名景点（图1-4），景色优美，吸引了众多的游客。班公湖，藏语名为"错木昂拉仁波"，意为"明媚而狭长的湖"，恰如其分地形容了班公湖的特征。

（2）噶尔县

噶尔，藏语意为"帐篷、兵营"，是现今阿里地区行署的所在地，也是该地区的经济、文化中心。噶尔县位于喜马拉雅山脉和冈底斯山脉之间的噶尔河谷地带，北接日土县，南邻普兰县，东连革吉县，西北与印度控制的克什米尔区域接壤，

图1-4 班公湖

亦是西藏自治区边境县之一。

该县境内平均海拔约4 350米,面积约1.72万平方公里,总人口4.2万人,经济以牧业为主,农牧结合。下辖狮泉河镇、左左乡、昆莎乡、扎西岗乡、门士乡等,狮泉河镇是阿里地委、行署及噶尔县府的所在地,近年来,政府投入大量资金及人力在昆莎乡建成昆莎机场,并投入使用,大幅度缩短了内地与阿里的交通时间。

在内地的援建、帮扶下,噶尔发展迅猛(图1-5),县区规划整齐、道路宽阔,基础设施发展较快,已然成为西部高原的现代化城镇。

(3)札达县

札达,藏语意为"下游有草的地方",从其名字的含义可见,札达县是阿里地区气候环境较宜人的地方,原为札布让宗、达巴宗的属地,1956年两宗合并,在札达设立办事处,1960年,成立札达县。

该县亦是西藏自治区边境县之一,县区西部、南部与印度接壤,北临克什米尔区域,东北、东面邻日土、噶尔与普兰县,境内平均海拔约4 000米。全县面积约2.46万平方公里,全县人口近万人(图1-6)。

图1-5 噶尔县城鸟瞰(局部)

（a）鸟瞰

（b）街景

图1-6　札达县城

（a）底雅乡马阳村及周边庄稼

（b）底雅乡丰收在望的青稞

（c）底雅乡的苹果树

图1-7　札达县底雅乡

　　县区内铁、铜、铬等矿产资源丰富。象泉河横穿该县区，灌溉了县区内的大部分土地，使得札达成为阿里农牧业并举的地区（图1-7）。

　　札达县境内有14条河流，最大的河流是象泉河（朗钦藏布）。象泉河由东向西横穿县境，水流较缓，河道分叉，多江心洲，支流较多，最后流入印度。象泉河在札达县境内的大部分流域宽阔，海拔在3 600~3 700米之间，水源充足，气候较为温和，适合农作物生长，是札达县主要的农业区[1]。

札达拥有古格故城遗址、托林寺两处全国重点文物保护单位，以及多处自治区级文物保护单位，吸引了越来越多的游客、学者前来观光、调研，带动了周边地区旅游业的兴起，提高了知名度，促进了相关产业的发展，也使得阿里地区的古老文化得到宣传、重视。该县区境内历史上形成的通往印度的山口10余处。

（4）普兰县

该县以前称普兰宗，1960年改称为普兰县。县区位于阿里地区西南部，与尼泊尔、印度相临，处于加德满都、新德里中间以北的地带，属于孔雀河谷范围，地形较狭窄，温差小，降雨量较多，形成了高原上较为宜人的小气候。受游客青睐的"神山"冈仁波齐峰及"圣湖"玛旁雍错均分布在普兰县境内，使这里成为旅游及朝圣的圣地（图1-8）。

普兰县境内自然资源丰富，有广阔的农田和草场，是农牧并举的县，粮食产量占阿里粮食总产量的1/3以上。其县城位于纳木阿比峰和那尼雪峰之间的孔雀河（马甲藏布）狭窄的谷地，来自孟加拉的湿润空气在这里形成了温和的高原小气候，这里也是该县的主要农业分布区[2]。

全县面积约1.3万平方公里，总人口约1万人。

县城距离中国与尼泊尔的边境约10公里，印度、尼泊尔的朝圣者及商贩多由此口岸入境（西藏重要的出入境口岸有亚东、樟木和普兰）。从古至今，这里均是阿里地区与印度、尼泊尔进行商贸、经济、文化交流的重要场所（图1-9）。

（5）革吉县

革吉县位于西藏西部、狮泉河的源头，面积4.7万平方公里，总人口1.3万。"革吉"藏语意为"善缘增生之地"。该县地处羌塘高原大湖盆区，平均海拔4 800米。革吉县是阿里三大纯牧业县之一，大多数地方属于广阔的草原。革吉县境内，野生动物易见，且品种多、观赏价值极高，具有季节性固定迁移的特点。革吉县处于阿里地区的腹心地带，本地群众的生产生活主要以游牧为主。历史上有地方部落和康巴部落。其中人数最多的革吉部落是来自玉树康区的牧民，17世纪从玉树杂堆县迁移过来后，永久居住下来。1960年合并各部落设立革吉县，县府现在革

1 陈耀东. 中国藏族建筑[M]. 北京：中国建筑工业出版社，2006.
2 普兰县[EB/OL]. http://baike.baidu.com/view/108980.htm.

（a）远望冈仁波齐峰

（b）远眺玛旁雍错湖

图 1-8　普兰县景观

（a）夕阳下　　　　　　　　（b）街景

图 1-9　普兰县城

吉镇。

革吉县较大的寺庙有扎西曲林寺、扎加寺、香鲁康寺和哲日普寺，属于噶玛噶举派。扎西曲林寺位于革吉县盐湖乡江麦村，是拉萨堆龙德庆县楚布寺属寺。该寺有一座 16 根柱子的大经堂，还有护法神殿、甘珠尔殿、策久殿、拉章和僧舍等。香鲁康一带山石林立，有许多天然山洞，其中最著名的是莲花生修行洞。相传莲花生大师途径雄巴前往桑耶寺时在此洞闭门修行七天，此后有众多高僧前来此地修行。

（6）改则县

改则县位于西藏阿里地区东部、藏北高原腹地。总面积 9.7 万平方公里，约占阿里地区总面积的 1/3。总人口 2.2 万。改则县地处南羌塘高湖盆区，均为高山河谷地带，山势平缓，地形由西北向东南倾斜，平均海拔 4 700 米，境内分布有大量冰川、河流（均为内流河）、湖泊、温泉和丰富的地下水。这里地广人稀，生态质朴，属于羌塘自然保护区。改则县境内旅游资源丰富，夏岗江雪山位于洞措乡境内，距县城约 100 公里。雪峰终年积雪，与日月相映生辉。麻米湖位于麻米乡境内，距县城 90 公里。麻米湖是传说中的玛旁雍错的右眼，是境内知名的圣湖之一。

改则县的文物古迹主要有热加索康岩画遗址、列石遗址、祭坛遗址、墓葬遗址、扎麻芒保革命遗址、麻米寺、扎江寺、洞措拉康、罗布拉康等。麻米寺位于麻米乡古昌山谷中，距今有近 800 年历史，是境内历史最悠久的藏传佛教寺庙之一。麻米寺依山而建，有修行普巴（山洞）1 处，还有经堂、僧舍、佛塔等寺庙建筑。扎江寺位于改则镇境内，距县城 15 公里，是境内规模较大的寺庙之一，属于噶玛噶举派。寺庙外围有规划整齐、宏大的曲登群（佛塔），寺庙西南约3公里处有天葬台一处。

清初，改则境内先后形成了改则本、帮巴部落、色果部落三大部落。色果部落包括森果强玛部落和色果罗玛部落，居住在今物玛乡和麻米乡境内。色果民俗是境内部落文化的一个重要组成部分，独具特色。表亲（表兄妹等）通婚是色果部落婚俗的独有特征，色果女装是境内独具特色的服饰之一。

（7）措勤县

措勤县地处西藏中西部、阿里地区东南、冈底斯山中段北侧。平均海拔高程4 600米，属于高原丘陵型和高原宽滩型地貌。境内湖泊众多，水源充足。措勤藏语意为"大湖"，因距县驻地东部10多公里处的"扎日南木错"大咸水湖而得名。常住居民均系藏族，信仰藏传佛教中的白教，有少部分人信仰苯教。措勤县建立于1971年，县府为措勤镇，是纯牧业县，面积约2.24万平方公里，总人口1.5万。

境内人文景观主要有位于达雄区西部的布噶寺和位于门东乡东部的门东寺，两寺都属噶玛噶举派。自然景观有扎日南木错，位于措勤县磁石乡格玛村北部、县城向东约25公里处。该湖属于阿里地区面积最大、海拔最高的湖，也是西藏自治区最大的湖泊之一。湖面面积为1 024平方公里，湖面海拔4 613米，流域面积16 430平方公里。湖中大小岛屿栖息着众多的鸟类，鸟语花香，是旅游的好去处。

第三节　社会文化背景

藏文化作为东方文化的一支，数千年来与汉文化一直互相照耀，并行不悖。藏族文化即藏族文明的构成理念，包含着藏族的智慧和世界观、价值观、人生观。在多年的积淀过程中，文化内涵通过多种形式表达出来，有饮食、服装、风俗习惯等等，建筑亦是其表达方式之一。阿里的建筑之所以神秘而独具魅力、震人心魄，与当地藏族人民独特的世界观和民族气质、生活方式、审美习惯密不可分。阿里地区地处西藏西南边陲，是藏文化与印度文化、克什米尔文化交汇之处，同时亦是印度佛教文化进入藏区的主要通道。阿里藏族文化正是在与毗邻各国、各民族不断交流、吸收、融汇中而发展的。

1.历史沿革

虽然阿里地区海拔较高、自然资源匮乏，但很早便有人类在这里生活。他们在高原上繁衍生息，利用有限的自然资源劳作、生产，并且充满了乐观向上的精神，用各种方式为生活增添乐趣。这里诞生了古老的藏族文明。

1992年文物普查队在噶尔县境内发现了古代陶片，部分陶片绘有花纹，制陶技术对人类生产及生活的进步具有重要的意义。普查队在日土县境内发现了大量的岩画，内容有人物、动物以及放牧（图1-10）和舞蹈等生活场景，还有一些类似原始宗教但不同于佛教的符号，因此可以推测这些岩画早于佛教传入该地区的年代。

这些石器、陶片、岩画等都具有颇高的历史、文物价值，反映了阿里人的聪明才智，是宝贵的文化遗产，是阿里悠久文明史的再现，对今天的学者们能够更好地了解阿里的古代历史、文化、宗教等提供了极大的帮助。

7世纪以前，阿里地区出现了一个强大的部落联盟王国——"象雄"。象雄是青藏高原最古老的大国，人口众多。然而随着吐蕃王朝的兴起，象雄逐渐衰弱。

吐蕃王朝初期，松赞干布迎娶了象雄国王之女为妻，并将自己的妹妹赞蒙赛玛噶嫁给象雄王作妃子，通过联姻的方式牵制象雄王朝与其修好。赤德祖赞、赤

图1-10　日土县岩画

松德赞时期,吐蕃多次向象雄派兵,终用武力将其征服。至此,雄踞世界屋脊之屋脊的象雄王朝随着吐蕃王朝的强盛而逐渐衰亡了。

842年,吐蕃王朝末代赞普朗达玛被害,吐蕃王朝分崩离析。其后裔彼此残杀,混战多年。

据史书记载,朗达玛去世后,其王后那朗氏的养子"永丹"与王妃蔡绷氏之子"维松"争夺赞普之位,爆发了多次自相残杀的战争。终因王后一方势力较强,维松之孙吉德尼玛衮被逼无奈,离开吐蕃故土,前往象雄避难,"逃至西境羊同的扎布让(今西藏札达县),娶羊同地方官之女没卢氏"[1]。

《汉藏史集》记载:"吉德尼玛衮出征'上部'各地,把这些地方置于自己的统治之下,并用'阿里'一词泛指这些地方。于是'阿里'才成为专用的地名。"[2]"阿里"在藏文中指领土、国土,即被统治和管辖的意思。吉德尼玛衮建立了地方割据政权,自称"阿里王"。

吉德尼玛衮英勇善战,受到了当地百姓的拥戴,成为统领阿里的国王,阿里在其统治下日渐强盛。为了不使自己的三个儿子争夺王位而自相残杀,吉德尼玛衮便把阿里分成三个势力范围,分属于三个儿子,繁衍出拉达克王朝、古格王朝及普兰王朝。

1292年(元至元二十九年),中央政府在阿里设立纳里速古鲁孙元帅府,管辖阿里军政事务。1307年,贡塘王系的俄达赤德前往元朝大都觐见,皇帝封其为"阿里三围"君主,阿里境内的各王系仍享有在势力范围内相对独立的管辖权。

明代,中央政府在阿里设立俄里思军民元帅府。

1630年,古格王朝被拉达克推翻,继而被拉达克军队统治50余年之久。1681年(清康熙二十年),在蒙古军队的援助下收复阿里三围。

1686年,西藏地方政府在阿里建立噶本政权,管辖范围包括今阿里地区全部和后藏西部地区的仲巴等地。噶本政府下辖四宗六本,四宗即札布让宗、达巴宗、日土宗、普兰宗(图1-11);六本为左左本、朗如本、萨让如本、曲木底本、帮巴本、朵盖奇本。

1950年8月1日,人民解放军先遣连进军阿里。

1951年8月23日,和平解放阿里。

---

1 《藏语简史》编写委员会.藏族简史[M].拉萨:西藏人民出版社,2006:88.
2 汉藏史集[M].陈庆英,译.拉萨:西藏人民出版社,1986:215.

1952 年 10 月，成立阿里分工委，受西藏工委、新疆分局和新疆军区党委双重领导。

1956 年，成立西藏自治区筹备委员会，在阿里成立基巧办事处，下设普兰、札达、日土、珠珠 4 个宗办事处。

1959 年 4 月 5 日，成立阿里地区军事管制委员会，解散噶尔本政府，停止其继续行使地方政府职权。

图 1-11 四个宗的分布位置图

1960 年，在噶尔昆莎设立阿里专员公署，在各地陆续建立各县县委和县人民政府。

1965 年，西藏自治区成立，阿里地区逐步形成地、县、区三级党委。

1966 年，阿里专署迁至噶尔狮泉河镇。

1970 年，阿里专区改为阿里地区，地区驻噶尔县狮泉河。

1979 年 2 月 5 日正式成立阿里地区行政公署，辖噶尔、普兰、措勤、革吉、改则、札达、日土 7 县。

2. 宗教概况

阿里全民信教，宗教气氛极为浓厚，凡藏民居住聚落附近必有寺庙，且藏民家中都设有经堂。宗教给藏民的日常生活刻下了深深的烙印，从生至死，藏民们的一生都离不开宗教，可以说，宗教是阿里传统社会的精神支柱。

（1）苯教

藏族地区原始古老的宗教即为苯教，它是藏族宗教文化的重要源头。苯教是青藏高原的古老宗教，经历了历史文化的变迁，已成为藏族宗教文化的一个重要组成部分。

① 原始苯教

佛教传入青藏高原之前，藏族人就有自己的本土宗教信仰——原始苯教。《苯教源流》记载："黑教开始传播于现在阿里三区之一的象雄地方,旧名古盖。""黑教"即"黑苯教"，也称"笃苯教"或"伽苯教"。该教派没有具体的产生年代和创建者，是西藏地区的生产力发展到一定阶段所产生的社会现象，是与西藏人共同成长起来的信仰，反映了藏族浓郁的地方和民族特色。

据说，"苯"（Bon）在藏语中是"诵咒"之意，说明诵念各种咒语是原始苯教一个重要的部分。原始苯教的基本教义是"万物有灵"，将直接关系到自己生存的类似日月、山川、草木、禽兽等自然物和自然力神化，并用这种观念解释一切现象的存在和变化。这反映出当时的西藏社会生产力水平较低，对大自然的依赖较强，只能借助虚幻的神灵来代替真实，将灵性赋予万物。苯教有相应的超度亡灵、丧葬法，苯教教徒们"还可以确保死亡的人继续过一种愉快的生活。当然，这一切均未被详细地描述过。无论如何，是他们主宰死者的命运，甚至还可以关闭死神以及助手的大门。他们全副武装，举行殡葬仪轨和建墓的任务也落到他们的头上"[1]。

② 雍仲苯教

苯教发展的第二个阶段就是"雍仲苯教"，也称"白苯"。据传，其创始人是敦巴辛绕米沃齐，亦由他将该教派传播开来。

雍仲苯教是在吸收原始苯教的教义并对其进行大量改革的基础上建立起来的相对理论化的宗教。它吸收了原始苯教中的藏医、历算、占卦、驱鬼降魔等教义，改变了一些血腥的祭祀仪式，如把糌粑捏成各种形状来代替原来的杀生祭祀仪式，这种祭祀形式对后来传入藏地的佛教也产生了很大的影响。

雍仲苯教的"卍"符号有"永恒不变""吉祥"之意，也象征着集中的力量，是藏地十分常见的吉祥符号之一。该教派的核心内容是密宗修炼。

（2）佛教传入西藏

大多数史书认为，佛教是在7世纪上半叶——吐蕃王朝建立初期、松赞干布执政期间由我国内地和印度、尼泊尔同时期传入西藏的。所不同的是，内地传入的主要是大乘佛教，主修显宗，印度、尼泊尔传入的主要是佛教密宗（又称密教）。由于历史久远、传说繁多等种种原因，如今我们很难确切地判定佛教第一次传入西藏的时间。"无论如何，吐蕃接受佛教或佛教在吐蕃的第一次传播都被归功于松赞干布。据说，他的皈依是受其两位王后——尼婆罗公主和唐朝公主的影响。"[2]墀尊公主和文成公主在嫁入西藏时，分别把释迦牟尼的8岁和12岁等身像及大

---

1 ［意］图齐. 西藏和蒙古的宗教 [M]. 天津：天津古籍出版社，1989：287.

2 ［意］图齐. 西藏宗教之旅 [M]. 北京：中国藏学出版社，2005：3.

量佛教经典带入了吐蕃，这标志着佛教正式传入吐蕃。

但此时，刚刚传入西藏的佛教缺乏社会基础，苯教仍然是藏区的主流宗教，作为苯教发源地的象雄更是继续以"苯"治国。

据记载，8世纪初，大唐高僧慧超在回忆录中记述，他由天竺（古代印度及印度次大陆国家的统称）返回中原路途中，经过西藏的西部地区，已然发现该地区建有寺庙及塔。可见，吐蕃王朝初期，阿里地区就不乏宗教类的建筑。

松赞干布之后的几位赞普亦倡导佛教，佛教的社会影响力逐渐加强。苯教教徒意识到了佛教带来的冲击与威胁，对佛教采取了一些打压措施，佛教开始了与苯教之间的斗争。但大约从赤松德赞开始，佛教便压倒了苯教，占据了统治地位，苯教教徒被驱逐出吐蕃，逃往边境地带。

佛苯之间的斗争过程是漫长的，两个宗教派别的势力此消彼长。838年，朗达玛继位赞普，大肆灭佛，传佛大师外逃，僧人被迫还俗，西藏境内的佛教受到了严重的打击。

藏史学家把从松赞干布兴佛到朗达玛灭佛这二百年间称为西藏佛教发展史上的"前弘期"。朗达玛灭佛标志着"前弘期"的结束，佛教的显宗在灭佛期间遭到沉重的打击，而密宗因秘密单传，所以一直流传下来。

（3）藏传佛教

朗达玛灭佛时，一些佛教僧人逃往吐蕃周边偏远的地区，在拉萨附近的三位僧人带着佛教经典逃往阿里，后又逃往甘肃、内蒙古等地，以躲避灭佛事件的迫害。三位僧人在流离了几十年后，来到了青藏高原东部安多地区，终日在山洞中研习佛经。一位原本信奉苯教的牧羊人拜三位佛教僧人为师，并授比丘戒，藏传佛教把该事件发生的时期视为后弘期的开始。

朗达玛灭佛后，吐蕃在政治上的统一也开始崩溃，社会长期处于内乱分裂的状态。直至978年，西藏进入封建经济发展时期，政治局面逐渐稳定，新兴的封建领主积极开展佛教活动，佛教再度兴起，西藏各地大量出现授予比丘戒的僧侣，大兴土木，重建佛教寺院。这个时期的寺庙多由各地封建领主把持，与各地的世俗势力相结合，佛教活动也较分散，而苯教势力逐渐衰落，苯教教徒转向吐蕃边缘地区发展。

自朗达玛灭佛百年之后，佛教从阿里地区、青海地区再度向西藏腹地传播，西藏佛教得以复苏，阿里地区成为"后弘期"引人注目的地方。根据佛教再次传入西藏的路线的不同，分为"上路弘传"和"下路弘传"。"10世纪后期，桑耶寺主也失坚赞，资助乌思藏地区十人北上至宗喀巴地方受戒学经，学成后返回建寺授徒，史称'下路弘传'。在'下路弘传'的同时，古格首领拉德之父曾出家为僧，并曾资助多人赴加湿弥罗[1]学经，之中有仁钦桑布等著名高僧学成归里，于古格之托林寺主持翻译显密经典，史称'上路弘传'。"[2]

阿里地区在地理位置上与印度、尼泊尔这样的佛教古国毗邻，同属于喜马拉雅山脉区域，更便于接受佛教教义的影响。后弘期时，由于时机的成熟及地理位置的便利，印度等地的许多高僧大德前来该地区讲经传法，加之该地区多位封建领主对佛教活动的支持，佛教在该地区快速发展起来，并逐渐渗入西藏的其他地区。

3. 民俗文化

（1）阿里藏族的歌舞

世代生活在高原之上的阿里人民，由于地广人稀、高寒缺氧等特定环境条件的影响，娱乐活动主要是集体的歌舞，以体现欢乐祥和的气氛，在抵抗恶劣的自然环境时聊以慰藉。

①民间舞蹈谐巴谐玛：表演者为17对男女，男子着古代武士服饰，手持战刀，女子着古代华丽的衣饰，传说舞蹈内容是为了纪念格萨尔王的一位著名大臣。

②民间卡尔乐舞：主要分布在阿里地区的农区，包括普兰、札达和日土三县，是一种大型的民间歌舞乐艺术。表演方式是乐舞结合，乐曲即卡尔器乐，舞蹈是当地的谐巴谐玛、弦舞结合而形成的具有卡尔性质的乐舞。

③果谐：意为圆圈舞，普遍流传于日土广大农牧区，是一种规模较大的野外圆舞的形式，其人数不限，多时可达100多人，跳舞时男女各为一边，排成圆圈，手拉着手。开始男女两方以较慢的节奏轮流边唱边舞，一到快节奏时，男女双方同时唱歌跳舞。其内容多为叙述词，也有用问答形式对歌的。叙述词丰富多彩，多数赞美自然风光。"果谐"常见于农村的村头、广场、打麦场上、节日里，跳唱不受时间和季节限制，除了逢年过节或重大祭祀活动，平常空闲时只要人群聚

---

1 加湿弥罗，或译为迦湿弥罗（Kasmira），是喜马拉雅地区的古国之一，位于西北印度犍陀罗地方的东北地区，大约是现在的克什米尔地区。汉朝称罽宾，魏晋南北朝称迦湿弥罗，隋唐称迦毕试。
2 《藏语简史》编写委员会．藏族简史[M]．拉萨：西藏人民出版社，2006：90．

集也随时可跳。

④弦舞："弦"约10世纪之前起源于札达，分为"阿弦""拨弦"两种，"阿弦"即持鼓起舞，"拨弦"即面具舞。人们身着具有鲜明特色的民族服饰，以珍珠、玛瑙、象牙、琥珀等装饰。舞时形成圆圈、斜线或龙摆尾状，分别以高、低音鼓伴奏。鼓时，跳舞者不歌唱，依鼓点表演；随后，由领舞者领唱，众人合唱。舞时前走两步，后退两步，分别抬动双脚，一步一抬，步伐舒缓稳重，具有较强的表演性和观赏性。

（2）阿里藏族的节日庆典

萨嘎达瓦节：藏历四月十五日，是西藏一个特有的节日。相传，佛祖释迦牟尼降生、成道、圆寂都是在四月十五日，因此这个月要举行各种活动。冈仁波齐神山脚下举行的萨嘎达瓦节（竖经幡活动）是藏区最大最神圣的节庆活动，届时四面八方的信徒都会前往阿里朝拜转山。

林卡节：藏区很普遍的节日，一般在农闲时节，全家携带桌椅、食品、饮具到草原、河流和湖区野外竞赛、谈天说地、玩骰子、喝茶喝酒等。

望果节：主要是藏族人民祭祀土地神的节日。一般以村为单位，由牦牛背负五谷斗、经书等领头，余人随后，围绕田野转圈，其意在于感谢神灵赐予丰收，又提醒神灵继续保护庄稼，免遭霜雹之灾，犹如汉族之舞龙。这种形式，既包含了对神灵的敬畏，也伴有恐吓、戏谑之意。后发展成为更具综合性的节日，既有赛马、射箭、竞技、藏戏等娱乐竞赛活动，还开展农产品展示、交易及以服饰为主题的展示活动等。

科迦男人节：普兰县科迦村有一个特殊又风趣的节日——男人节，这在藏区绝无仅有。在藏历二月十日至十六日，科迦村从18~80岁的男人都被奉为上帝，集中在科迦寺门口的广场上，喝酒看戏，舒服地坐在卡垫上，妇女儿童则一旁站着围观，负责斟茶倒酒的服务工作。这个节日，充满了风土人情味，也遗留了父系氏族制度的痕迹。

（3）阿里藏族的各种礼仪

鞠躬：在阿里，百姓凡是遇见长官、头人或上师等受尊敬的人，要脱帽，弯腰四十五度，手持帽接近地面。对于一般人或平辈，鞠躬时帽子置于前胸，头略低即可。对于敬仰者合掌高举过头，弯腰点头。回礼动作也相同。阿里农牧民见面时一般不互相握手，而是互相合掌鞠躬或做碰额头礼。合掌鞠躬礼用于任何人

（含生人或熟人），盛行于牧区。碰额头礼为最亲近的家庭成员之间，如父母与子女、兄弟姐妹之间。

磕头：磕头是藏族的常见礼节，一般在朝觐佛像、佛塔和活佛或面见长者时施礼。分为磕长头、磕短头和磕响头三种。磕长头常见于朝圣或转山转湖者，两手合掌高举过头，自顶到额至胸，匍匐在地，双手伸直平放在地，划地为号，然后，再起立如此反复。在阿里的冈仁波齐和玛旁雍错常见转山转湖数圈耗时数月的磕长头的虔诚信徒；磕短头时两手合掌高举过头，自顶到额至胸部，共揖三次，再弯腿，双膝着地，双手掌向下，额着地，依次做三下。磕响头时，不论男女老少，先合掌连拱三揖，然后拱腰到佛像脚下，用头轻轻一顶，表示诚心忏悔之意和发自内心深处的深深祈祷。

献哈达：献哈达是藏族最普遍的一种礼节，婚丧节庆、拜会尊长、觐见佛像、送别远行等都有献哈达的习惯，献哈达有表达祝福、忠诚之意。大多数时候，哈达是白色的，象征纯洁、吉利，也有彩色的哈达，一般作为最为隆重的礼物去献给佛陀和菩萨。

煨桑：开始是藏族先民火崇拜的表现形式。在远古时代，每逢男子出征或狩猎归来，老人和妇女儿童要在村落部族外面的郊野，烧类似柏味的香草，并往归来的人们身上撒清水，希望以烟火和清水驱除因战争或其他原因而沾染上的各种污秽。后来本教把煨桑的传统进行丰富和发展，每逢节日庆典、出征誓师或宗教活动，都要在路口、山口、湖畔等重要场所燃烧带有香味的易燃灌木，并加入青稞面、酥油等，以"桑"祭祀神灵，让袅袅的烟雾扶摇直上，通达天神居住的地方，把人间的美味和美好的祈愿都传递给神灵，从而达到诸神欢喜、人人幸福的美好结果。

（4）宗教节日

噶尔扎西岗寺的祈祷大法会：从藏历正月初三开始到正月中旬结束，共十几天。法会期间各殿献供点灯，僧人集体诵经，接受布施。最后一日，僧人们把弥勒佛像抬出，在众多信徒的陪护与跟随下，按顺时针方向绕扎西岗寺一周。此时鼓号齐鸣，香雾缭绕，气氛浓郁。众人献哈达、磕长头，法会达到高潮。

藏历十月二十五日，在扎西岗寺举行燃灯节，纪念宗喀巴大师的圆寂日。燃灯节白天僧人诵经念佛，晚上点燃酥油灯，无数酥油灯从远望去似群星闪烁。周边牧区的藏民俱来朝圣，来自拉达克、库努、巴尔蒂斯坦的商贾云集，搭起帐篷进行商品交换，带动了地方经济发展。如今，燃灯节已经成为文化和旅游节日。

4. 文物古迹

阿里地区的各类文物遗存包括石器、岩画、墓葬、寺庙、洞窟等不同门类，这些遗存主要分布在阿里南部地区的几条主要河流如狮泉河、象泉河、噶尔藏布等流域[1]。

在阿里"穹隆银城"城堡遗址中，考古学者发现了120多组古代建筑遗迹，出土了大量陶器、石器、铁器、骨雕，昭示了这里曾经的繁荣。2012年6—8月，中国社会科学院考古研究所与西藏自治区文物保护研究所联合对西藏阿里地区噶尔县门士乡卡尔东城址（传说中的象雄都城"穹隆银城"）及故如甲木墓地进行测绘和试掘。2014年6月，考古队采用探沟发掘的方式，找到了5座保存完整的洞式墓葬，其成果表明故如甲木墓地是一处分布相当密集的象雄时期古墓群（相当于中原汉晋时期）。故如甲木墓地还出土了微型黄金面具，与札达和北印度地区发现的黄金面具同属一个文化系统。

在阿里的另一处考古遗址曲踏墓地中发掘出一枚天珠，被藏族视为神圣之物的"天珠"首次在西藏西部考古发掘中出土。曲踏墓地的墓葬形制，与阿里地区常见的窑洞式建筑十分相似，这表明这些墓室在很大程度上是仿造生前所居住的窑洞而造的。

两个墓地年代相同，地域接近，都采用深埋、侧身屈肢葬式，使用形制相同的箱式木棺、陶器等，出土遗物中的铜镜、木梳、玻璃珠等表现出多种文化因素。可以推论，在象雄时期，这里就与新疆甚至中亚、印度发生了文化交流。

西藏阿里故如甲木墓地和曲踏墓地的考古成果入选"2014年中国考古新发现"，该项成果填补了象雄文明的研究空白以及象雄文明对吐蕃文化产生的深远影响[2]。

佛教艺术的遗存，构成了阿里高原宗教文化艺术史上辉煌的章节。阿里三围曾经建立过不同时期、不同教派的大大小小近百座佛教寺庙，其壁画、泥塑、雕刻乃至建筑艺术，都具有西藏西部的独特风格，当中融汇着中亚、南亚乃至西亚古代艺术的神韵，又吸收了内地和卫藏地区不同艺术风格的营养，历来为国内外

---

1 索朗旺堆.阿里地区文物志[M].成都：西藏人民出版社，1993.
2 阿里故如甲木墓地和曲踏墓地的考古成果综合了文物信息网、报刊的报道及专家点评。

学术界所瞩目。其中，著名的古格王国故城遗址、托林寺遗址以及属于古格王国的多香、达巴、香孜、皮央等一大批古遗址、窑洞、石窟中残留的佛教艺术遗存，都具有很高的艺术价值，是阿里古代艺术的瑰宝。另外，代表着曾经围绕神山、圣湖盛行于阿里高原的止贡派寺庙遗存的普兰古宫寺、与拉达克系统的寺庙有着密切联系的噶尔扎西岗寺等，都体现了各自的风格特点，共同形成了西藏西部佛教文化的特色[1]（图1-12）。

（a）噶尔、札达、普兰县城文物图

（b）日土、革吉、改则县城文物图

（c）札达县城重点文物图

图1-12 各县域文物图

---

1 索朗旺堆.阿里地区文物志 [M].成都：西藏人民出版社，1993.

第二章　阿里洞窟建筑的背景介绍

札达县的地貌以土林为主，地质主要是沙黏土的湖相层，《西藏地貌》一书中对土林的介绍为："土林这种地貌学名为'水平岩层地貌'，是经过流水侵蚀形成的比较特殊的次生构造地貌，是上新世湖相和河流沉积地层，以粉细砂岩和黏土岩为主，间夹粗砂岩和沙砾岩，岩性比较疏松（半成岩）。目前它们已被象泉河强烈切割，其平面形态酷似黄土地貌：尚未被分割的地方为平坦宽广的台地，分割较少的地方为岗状平台，强烈分割的地方则呈孤立锥状圆丘。

水平岩层中垂直节理比较发育，而粉细砂岩又具有良好的直立性，所以沟谷深邃，谷坡陡立，即使一条小沟，也可深达 100～200 米，较大的支沟谷底，两壁陡峭呈箱形谷。

由于不同岩石的差异侵蚀，水平岩层常常构成形态奇特的岩石壁和微地貌。结构致密而坚实的砂岩和砾岩常常成为粉细砂岩和黏土岩的保护层，或平铺于岩壁的顶部，或突出于岩壁之上，与软岩层交互，组成雄伟挺拔、奇异多姿的古城墙和古城堡形态。"[1]

土林这种质地较为松软、直立性良好的土质为洞窟的开凿提供了良好的载体，这可能也是土林中遗留了成千上万的洞窟的原因之一。

《西藏地貌》中还写道："组成冈底斯山脉冈仁波齐峰及其周围山地的上新世砂砾岩层，产状平缓（倾角小于 10°），可称为'准水平岩层'，我们把它所构成的地貌也归于水平岩层地貌。"[2]即普兰县境内的地质与札达县境内的地质是相同的，只是受到的切割没有札达盆地深，未形成土林地貌，从实际调研来看，普兰县内的洞窟数量远不及札达县。

第一节　阿里洞窟建筑的起源与发展

阿里地区的先民们自古以来就生存在这片古老的高原上，它的文明始于古象雄王国，这里的洞窟建筑是古象雄王国甚至更早期就已经有了的居住形式。

象雄王国是一个地域辽阔、部族众多、农牧结合、文化发达的强大部落联盟。它不仅如《通典》所载的有以"畜牧为业"的牧民，而且有生活在河谷流域、住洞窟的农民。阿里南部的许多河谷地带海拔并不高，约在 3 600 米，并且谷地中

1，2 中国科学院青藏高原综合考察队.西藏地貌[M].北京：北京科学出版社，1983.

有广阔的耕地，适合农作物生长，属于农业区，在这一带的土山中掏挖洞窟居住的居民是以耕种为业、定居生活的农民。

现在虽然我们无法得知这里到底是什么时候开始出现洞窟建筑，但依然可以从一些文献、史籍和传说中了解关于此地洞窟式建筑的历史。

学者马丽华在《走过西藏》一书中，从文化的视角对此地洞窟建筑的起源做了描述："但是仍然不见象雄，不闻象雄。人们在记忆中难以综合成一个完整形象，它若有若无。人们只说，土林从海上升起，形成陆地，便出现了挖窑洞以栖身的人……象雄文化的标志，不是城市，不是巨石，正是土质洞穴。"

据著名苯教学者朵桑坦贝见参所著《世界地理概况》记载："……中象雄在冈底斯山西面一天的路程之外，是象雄国的都城……苯教文化史上著名的四贤炽栖巴梅就诞生在这里。有苯教后弘期的著名大师西绕坚赞和其他贤哲们修炼的岩洞……绝大部分信仰苯教。有穷保桑钦、巴尔仓寺等寺宇和修炼岩洞。"由《世界地理概况》的记载来看，中象雄即指札达和普兰一带，是象雄国的都城所在地，也是古代象雄文明的中枢地带，这一带的洞窟也作为苯教教徒的修炼岩洞存在。

一些汉文文献对古象雄国的居住情况也有一些记载，玄奘的《大唐西域记》"屈露多国条"载："屈露多国……依岩据岭，石室相距，或罗汉所居，或仙人所止。"《新唐书》俱立条载："俱立……冬窟室。"屈露多国、俱立都是象雄的部族，"石室""窟室"都是洞窟，玄奘是从远处看石室，用虔诚的佛教徒的眼光、心态去猜度其用途，其实这些洞窟都应是当地人的住所。

由于当地缺乏石头和木材等建筑材料，人们只能在土山中掏挖洞穴居住或修行，笔者大胆猜测，古象雄王国的洞窟居住形式就是远古人类穴居的延续。

直至7世纪，象雄被吐蕃征服后，它的文化并未消灭，而是与吐蕃的文化交流而发展，洞窟的居住形式也被保留并流传下来。

在后来的200余年中，随着佛、苯两教的矛盾冲突和政治上的斗争，吐蕃王朝由兴盛走向衰亡，至9世纪中叶时，西藏一带又分裂为许多小邦。10世纪，阿里南部地区出现了强大的古格王国。古格王国在统治阿里的700余年里，弘扬佛法，影响至海外。

在这一带至今留存的规模宏大的洞窟建筑群遗迹，大多数都是古格王国所建的，如古格、多香、皮央、东嘎、香孜遗址等等。发展到此时的洞窟建筑已经不仅仅是简单的供栖身的洞穴了，它的功能被细分得更为明确，包括一般的普通民居、储藏兵器或粮食的仓库、暗道、绘满精美壁画的佛殿、供贵族冬天居住的冬宫等。它的建筑形式除了单一的洞窟还有窟房结合的形式，并与其他建筑结合在一起，组成坚固的城堡，具有良好的防御性能。

直至20世纪80年代，阿里地区还有不少居民居住在洞窟中。随着经济的发展，政府投入更多的力量帮助当地居民盖新房。迄今为止，阿里地区几乎所有的居民都住进了新建的藏式平顶房里，一些洞窟建筑被当做仓库和牲口圈使用，而大部分洞窟至今已经荒废了。

自此，阿里地区的居民告别了居住了数千年的洞窟建筑。

第二节　阿里洞窟建筑的分布与类型

1. 分布

据陈耀东《中国藏族建筑》一书对西藏洞窟式建筑的记载，"在藏族建筑中，仅在西部一隅有窑洞式住宅"。笔者翻阅各种关于藏族建筑的文献和查询以往在西藏的调查研究发现，西藏境内少数地方有个别的修行石窟类寺庙建筑，除阿里的普兰、札达县以外没有规模巨大、类型多样、数量众多的洞窟建筑。

阿里的洞窟建筑主要分布在普兰县境内的孔雀河畔和札达县境内的象泉河流域，尤其是札达县境内的象泉河流域以托林镇为中心的数百公里土林中，分布着相当密集的洞窟群落，有些规模宏大的洞窟群中甚至有数千座窑洞（图2-1、表2-1）。

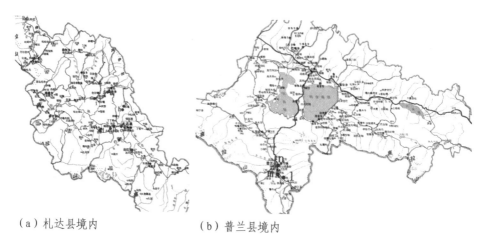

（a）札达县境内　　　　　　（b）普兰县境内

图2-1　普兰、札达县境内洞窟分布点

这些洞窟几乎都成群聚集，位于小溪、河流、山谷旁向阳一面的山体上。有的以山顶和山腰上的房屋建筑为中心，聚集在山体和山麓，与其他建筑物一同组成一座城堡；有的遍布于山体或崖壁上，上下错落、排列随意；有的位于陡峭的崖壁上，由室外搭设的悬挑木走廊和室内架设的陡梯连接相互间的交通等等。

表2-1　普兰、札达县境内洞窟统计

编号	洞窟分布的位置	调研情况
a	距县城西18公里的象泉河南岸的一座独立土山上	实地调研，拍照并测绘其中一些洞窟
b	距古格王国都城遗址东侧4公里的小山包	根据《阿里地区文物志》记载
c	托林镇附近的山腰和小山包上	实地调研，拍照并测绘其中一些洞窟
d	距札布让村西南约20公里处的多香河谷，河流东岸的一个独立土山上	根据《阿里地区文物志》记载
e	玛那村旁的断崖崖面上	实地调研，拍照并测绘其中一些洞窟
f	达巴乡境内，行政区西北面的山体上	实地调研，拍照并测绘其中一些洞窟
g	东嘎乡境内，东嘎村北面的山体上	实地调研，拍照并测绘其中一些洞窟
h	东嘎乡境内，皮央村西面的山体上	实地调研，拍照并测绘其中一些洞窟
i	香孜乡境内，江当村东面的山包上	根据《阿里地区文物志》记载
j	香孜乡境内，行政区北面的山体上	根据《阿里地区文物志》记载
k	楚鲁松杰，贡止村，强久林寺北面的山腰上	根据《西藏密境》记载
l	孔雀河畔，岗孜沟，公路北面山体上	实地调研，拍照并测绘其中一些洞窟
m	边贸市场附近，香柏林寺遗址所在的土山的山腰上	实地调研，拍照
n	县城边，孔雀河沿岸，北侧的山体上	实地调研，拍照并测绘其中一些洞窟

2.类型

当地洞窟的类型多种多样，几乎涉及当时社会中的各种建筑类型。洞窟的建筑类型可分为宫殿、佛殿、民居、暗道、作坊、议事厅、仓库、藏尸洞等。如古格城堡山顶遗址地下10米处的供国王冬天居住的洞窟式宫殿；皮央·东嘎遗址中专用于礼拜、供养等宗教活动的洞窟式佛殿；当地百姓和僧侣居住的作为民居住宅的洞窟；古格城堡遗址中的取水暗道；用于制作工具、兵器等的洞窟式作坊；高大宽敞、壁直顶平的供多人议事的议事厅；古格城堡遗址中用做仓库使用的储存粮食、兵器等物品的洞窟；古格城堡遗址附近河谷中用于藏放尸体的洞窟……

虽然洞窟建筑的种类很多，但其中数量最多、分布最广泛的当属作为民居住宅使用的洞窟，民居洞窟几乎占据了当地洞窟建筑的绝大部分。

佛教类洞窟建筑比民居类洞窟建筑数量少得多，但是其独特的建筑风格、室内留存的精美壁画使其成为当地洞窟建筑中的一株奇葩。

其他类型的洞窟建筑，穿插在民居与佛教类洞窟之中，发挥着各自的功能，是人们长久以来生活的场所。

第三节　喜马拉雅山脉的洞窟建筑

1. 喜马拉雅山脉洞窟建筑分布

纵观喜马拉雅山脉地区，除了山脉东面的普兰和札达县，山脉西面境外的一些地区也有洞窟建筑分布。笔者查阅了相关资料发现，印度的拉达克地区和尼泊尔的木斯塘地区有居住洞窟的历史，且境内仍有不少处洞窟建筑留存。喜马拉雅山脉一带，洞窟建筑分布的地区主要有三处，即西藏阿里的札达、普兰县地区，印度境内的拉达克地区和尼泊尔境内的木斯塘地区（图2-2）。近年来在西藏日喀则定结县的琼孜乡羌母村发现了石窟群，石窟群存有的佛教石窟和壁画可以作为阿里与卫藏后弘期佛教传播的见证。"羌母石窟"入选2011年六大考古发现。

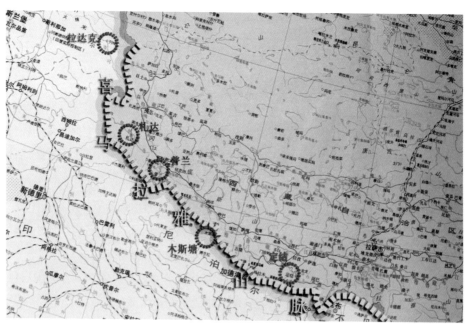

图2-2　喜马拉雅山脉一带洞窟建筑分布区域

（1）印度拉达克地区的洞窟建筑

位于印度西北部的拉达克地区，西边是巴基斯坦，北边及东边则毗邻中国，既是印度本土与西藏交通的转接点，也是伊朗、伊拉克与中国的转接点。拉达克行政区有列城、卡基尔、赞斯卡三个地区，其中列城是拉达克的中心。

历史上，赞普后裔吉德尼玛衮在阿里建立了地方政权，晚年时他将三个儿子分封于三地，其中占据芒域的一支建立了拉达克王国，其领土即位于现在克什米尔南部的拉达克地区。由此可见拉达克的王室与古格王国时期札达、普兰境内的王室贵族原属同宗。

拉达克地区与西藏阿里地区的地形条件相似，史前都属于海底，后来随着造山运动逐渐抬升，成为高原。现在拉达克地区平均海拔超过 3 000 米，绝大部分是高山，平地极为稀少。其地质几乎全部为堆积岩，都是光秃秃的山及岩山，草木不生。夹在高山间的盆地状低地，成为人的居住处，印度河沿岸水利条件良好的低地和山顶流下雪水所流过的谷间及下方扇形地都形成了聚落。这种情况下，并不容易形成大的聚落，所以除了列城和卡基尔等大城市外，几乎都是山村小聚落。

许多文献资料中都有对拉达克地区的洞窟建筑以及当地人住洞窟的习惯的描述。《西藏密教研究》一书对以拉达克的列城为中心的衮巴（喇嘛教寺院）的现状做了具体介绍，其中对多座衮巴的介绍中都有对洞窟佛殿或修行室的叙述。在对黑米斯衮巴的叙述中写道："在黑米斯衮巴后面的深山，攀登两个小时才能到达一处名叫郭壮堂的小洞窟，据说这里曾是同名的修行者禅坐的地方，它比黑米斯衮巴还要古老，是该寺最深的部分。"在对拉马尤鲁衮巴的叙述中写道："据说信奉印度密教，在噶举派传承上具有重要地位的那露巴，为了修法而在当地建了一个小堂，这个修行窟的小洞至今还存在。"在对萨斯波尔（Saspol）衮巴的叙述中写道："这座寺院由数堂组成……残存于俯视印度河的断崖上的数所洞窟寺院……总称为萨斯波尔衮巴……断崖中的洞窟，由于风雨的侵蚀，大部分都已遭破坏，但名为贡尼拉普格，自右边算起第三个洞窟中的绘画则较为完好。"在对塔克托克衮巴的叙述中写道："……宁玛派寺院塔克托克衮巴……据宁玛派的传说，开祖莲花生大师曾到此修行，其遗迹是一个边长60厘米四方形的古老洞窟……洞窟的诸尊堂仍然在使用……"[1]

《敦煌壁画艺术继承与创新国际学术研讨会论文集》中的宫本道夫的论文《13

---

1 西藏自治区文物管理委员会.古格故城[M].北京：文物出版社，1991：137-140.

世纪拉达克地区壁画状况》一文也对萨斯波尔衮巴的洞窟群做了介绍："地点在拉达克地区，该地区评价较高的 11、12 世纪的壁画已经引起了印度政府和当地居民的重视……三个石窟内有壁画，开凿时期大概是 13 世纪及其后时代……仔细观察壁画的现状就会发现壁画存在的价值不仅没有失去，也许因为我们的关注而散发出愈加耀眼的光芒。"[1]

在 19 世纪的一位英国商人的游记中也对拉达克的洞窟建筑有所描述，一个旅行队对在拉达克境内 1868 年 7 月 12 日那天的叙述如下："这是我们 12 天来见到的第一座村庄，即便如此，这儿也只有一栋房屋……在层层断崖绝壁当中，有一个洞穴就建在一堵石灰墙前面，成为这儿唯一的住处。在目前的条件下，这就是西藏'果姆帕'（Gompa，即衮巴，为不同的音译）即僧院的一般风格，有时也是村民房屋的建筑形式。"[2]

由以上的文字可看出，拉达克地区不仅有供修行或作佛殿的洞窟，更有供居住的洞窟民居。

（2）尼泊尔木斯塘地区

《西藏考古》中《尼泊尔木斯塘地区的古代洞穴遗址》一文对 1992 年德国和尼泊尔两国相关方面的专家在木斯塘地区进行的洞窟建筑遗址考古调查做了较为详细的叙述：

"在调查中发现，从木斯塘到西藏边界，靠喜马拉雅山南侧，有许许多多古代人居住过的洞穴，仅在木斯塘一地就有 300 至 400 处之多。有的穴群很大，一处就有上百座洞窟。它们都是人工开凿的，并非天然形成。洞穴里有锛子、凿子开掘的痕迹，有用碎石和泥砖砌成的墙，有门窗，有的洞穴之间还有通道相连。据调查报告记载，这些穴居有的建立在高于河床 20 米以上的崖壁上，有的建在印度、尼泊尔、西藏间的通道上，高度有二至三层，有的甚至达到了七层之高。根据洞穴的发掘物判断，这些洞穴的下层一般用来住人，中层储物，而上层那些上不去的小洞，大约是用来祭神的。这些洞穴的大小、高矮和形状有多种，有的较大，面积达 10 多平方米，有的较小，只有几平方米；有的高达 4 米左右，有的又进不去人。洞穴的形制有圆形的、半圆形、方形的，还有三角形的等等，各式各样。"[3]

1，2 西藏自治区文物管理委员会.古格故城[M].北京：文物出版社，1991：137-140.
3 马丽华.走过西藏[M].北京：作家出版社，1994：296.

通过尼泊尔、德国两国专家对这一地区众多洞穴的长期考察和对各种发掘物的鉴定研究，初步认为居住在这些洞穴中的为定居农业人口，所处的历史时期较长，跨度较大。最早的定居者约为史前时期，从目前发掘的物品判断，大约在公元前700年左右，甚至也有可能在更早的时期，因为有的墙体中的有机样品是公元前4000年前的。但最多的证据是公元前几百年便有人在这里定居。而它的下限，最迟大约在13–16世纪年左右。据历史学家考证，这些山地居民的政体可能为7世纪时吐蕃军队所摧毁。

木斯塘地区洞穴遗址的发掘，不仅说明早在史前时期，在世界最高峰珠穆朗

（a）木斯塘地区的洞窟民居村落

（b）岗拉村、鲁日寺庙遗址　　　　（c）岗拉村洞窟，该妇女出生和居住在身后的洞窟中

图2-3　木斯塘地区的洞窟建筑

玛峰的南侧，已经有具有相当文明程度的古代居民繁衍生息，而且他们所创造的文化在很多方面与喜马拉雅山北侧的古老藏族文化之间可能有着千丝万缕的联系。

一本研究木斯塘王国历史的专著《木斯塘王国》（The Kingdom of Lo Mustang）对该地区的洞窟建筑做了一些介绍，并附有照片说明。从中可以发现，木斯塘地区的许多洞窟民居与阿里境内的洞窟民居非常相似，许多洞窟至今仍然被使用（图2-3）。

木斯塘位于我国西藏自治区和尼泊尔的交界处，曾是一个独立的王国，首府是洛曼塘，历史上是西藏的一部分，曾是重要的通商口岸，18世纪被廓尔喀部落征服，成为廓尔喀主导的尼泊尔王国的一部分。该地气候干旱，降水量南多北少，面积3 573平方公里，平均海拔2 500米以上，北面与西藏的仲巴、萨嘎县接壤。木斯塘的人口约1万人，居民多信奉喇嘛教，一万居民中约有僧人近千人，生活习惯与藏族相同[1]。

木斯塘是尼泊尔的领土，但却是浓郁的藏族文化区，和国内藏区没什么两样，被称为"西藏边境之外的西藏"，经济主要是牧业和贸易。这里有印度平原通向喜马拉雅山最便捷的道路，所以其战略地位和经济地位十分重要。

由于尼泊尔政府对木斯塘多年来的封锁，这里几乎与世隔绝，今天它仍完好地保存着古西藏的艺术以及民风习俗。直到1992年迫于各国旅游的压力，尼泊尔政府才宣布开放木斯塘，允许为数不多的外国人从约莫森步行去木斯塘王国首邑洛曼塘城。木斯塘不通公路，只有一条险象环生的小路与外界相连。

另外，据美国国家地理杂志网站报道，自2007年开始，美国的登山探险队开始多次进入木斯塘地区偏远的喜马拉雅山洞窟进行考古。由于木斯塘一直是尼泊尔的一个禁区，长期以来不对外人开放，所以目前探测这些位于陡峭悬崖表面的洞窟的人仍然屈指可数。探险队朝岩块剥落的悬崖进发，对这些人造洞窟进行探测，并于2008年在卡利甘达基河分水岭上方陡峭悬崖的洞窟内发现精美的佛教壁画，以及大量的珍贵手稿（图2-4）。

（3）定结县羌母石窟群

羌母石窟群位于日喀则地区的定结县，喜马拉雅山的北麓，具体位于经琼孜

---

1 索朗旺堆.阿里地区文物志[M].西藏：西藏人民出版社，1993：94-104.

（b）洞窟室内的壁画

（a）崖壁上的洞窟

（c）洞窟室内，地面上堆满经卷

图2-4 2008年新发现的木斯塘地区洞窟建筑

（a）外景

（b）从石窟内看河谷

图2-5 羌母石窟群

乡沿叶如藏布的支流给曲约20公里处的羌母村。河流西岸的土山上，密密麻麻地布满了大大小小的孔洞，俨然是远古时代的一个村落[1]（图2-5）。

---

1 索朗旺堆.阿里地区文物志[M].西藏：西藏人民出版社，1993：94-104.

（a）有壁画的佛窟　　　　　（b）壁画局部　　　　　（c）塑像局部

图 2-6　羌母石窟内的壁画和塑像

据村长介绍，在山体的缓坡之上有一块被涂成红色的巨石，岩石里住着羌母村民祖先的亡灵，是镇伏给曲冰河的魔兽、保佑村民的神，名曰赞神"羌母红岩"，赞神是藏区村落独有的土神。羌母村藏民大多数居住在洞窟之中，直到 1960 年代一场洪水将下层靠近河岸的洞窟冲塌，村民们才搬迁至现址。当地村民们甚至能指认哪间洞窟是哪一家的"祖宅"，这说明羌母石窟群原本就是村落，不单单是佛教石窟。

羌母石窟群所处的地貌和地理位置与阿里地区类似，都沿着河流在河岸的一侧或两侧，在土山或砂石沉积岩面上开凿石窟。此处的地质结构以黄土与砾石形成的不稳定的沉积岩为主，缓坡和崖面成为造窟的主体。羌母石窟的窟室很多，除了居住类的洞窟，亦有室内有壁画、雕像的佛窟（图 2-6）。佛窟皆是单孔，且形状是较为规则的方形。居住类的洞窟组合则比较多样，

图 2-7　洞内开凿的台阶

图 2-8　上下连通的上人孔

（a）禅修石窟

（b）僧人的居室

图 2-9　禅修窟

通常是一个主窟附带若干小窟，几个相邻的主室组合成一个聚落，平面呈不规则的方形，顶部略呈穹隆。与札达县的多处洞窟差别不大，可谓洞洞相连，之间的联系也非常复杂多样，有开凿出的台阶（图2-7），亦有上下相同的上人孔（图2-8），几乎每个洞窟都有朝向东面的窗洞用以采光。北段山崖高处的大窟应为禅修窟，四壁凿有高 1.2 米、凹进崖壁的石龛，留有可以遮蔽的石砌龛门，应是僧人闭关修习的地方，属于早期的窟室（图 2-9）。两孔佛窟位于南段山崖的中部，居住类的洞窟则自上而下都有分布。

2. 喜马拉雅山脉古穴居成因的探讨

现有对于喜马拉雅山脉一带所处的西藏高原的考古、地质、生物等方面的发现表明，在远古时代，这里不仅适合人类生存，而且很可能是人类的发祥地之一。笔者根据相关资料，将这些依据整理列举如下。

（1）远古时期的自然条件

地质和生物工作者的考察表明，今日西藏的干冷气候和高海拔地势是第四纪地质时代以后才形成的。在上新世时，喜马拉雅山脉的一般高度只有 2 000~2 500米，并未形成阻挡印度洋暖湿气流的屏障，因此西藏高原的气候应是比较湿润和适宜人类生存的。另外，近 10 年来西藏高原南部和北部地区都发现了三趾马动物群化石，据报导，在印度和我国云南境内发现人类的直接祖先腊玛古猿的地层中也发现了三趾马动物化石，而这种动物群通常生活在海拔 500~1 000 米的地区。这些都证明西藏高原在上新世开始到第四纪地质时代，确实存在着适合远古人类生活的优越自然条件和生活环境。

（2）考古发现

在西藏发现的旧石器和新石器地点分布广泛，几乎包括了整个西藏三分之二的地区，其中很大一部分地点都分布在西藏西部的喜马拉雅山脉一带。这些新、旧石器时代的石器遗存充分证明，至少从旧石器时代开始，喜马拉雅山脉一带就已经有了人类的活动。

在西藏高原东面的云南和西面的印度、巴基斯坦交界处均发现人类的直接祖先腊玛古猿的化石，发现化石的地点离西藏高原非常近，而且在古猿生存的时期这些地点与西藏高原之间畅通无阻，故虽然西藏地区目前尚未发现人类古猿的化石，但是仍可推断，西藏高原是古猿生活的地点之一。

（3）喜马拉雅造山运动

现代古人类学专家一般认为，人类最初是在 1 400 万年前从猿的进化系统中分化出来的。这个时期恰好是喜马拉雅造山运动中西藏高原开始大幅度上升的时期。在这个时期，西藏高原的地面不断上升，阻挡了来自印度洋的暖湿气流，使西藏高原的气候由温暖湿润变得干燥寒冷，促使生活在这个环境下的动植物也发生了变化。现在国内外一些人类学家和考古学家认为，正是由于这种巨大变化，才促使生活在森林中的一部分古猿下地行走，解放了前肢，制造工具，迈出了从猿到人的第一步[1]。

3. 喜马拉雅山脉人类穴居发展的几个阶段

根据很多史籍和考古资料可以推断，札达、普兰、拉达克、木斯塘四个地区的洞窟建筑是由原始人类居住的洞穴发展演变而来。笔者根据人类穴居发展的普遍规律，将喜马拉雅山脉一带的人类穴居的发展归纳为原始穴居时期、人工穴居时期和洞窟建筑形成时期三个阶段。

（1）原始穴居时期

在人类历史长河中，从猿到人经历了上百万年的过程，第四纪冰川期酷寒的气候变化，迫使古猿人脱离巢居而栖居地面，从巢居到穴居无疑是古猿进化成人类的一次重大转折。

喜马拉雅山脉一带的古猿进化为人类的原因，基本上可以归结于喜马拉雅山

---

1 西藏自治区文物管理委员会 . 古格故城[M]. 北京：文物出版社，1991：116.

的地质运动。《人类社会发展史话》一书对于喜马拉雅山脉一带古猿进化为人类的叙述是："现在喜马拉雅山这一带地方，本来是一片平原，平原上长着茂密的森林，那些森林里就住着人类的老祖先古猿。后来，这一带地方发生了一种叫做喜马拉雅运动的地质变化。地壳慢慢突起，平原变成了高山。平原变成高山以后，从印度洋那面吹来的云，被阻挡在山的南面，山的北面得不到含水汽的云，雨量就越来越少，因此，森林就慢慢消灭……在森林里依靠果实为生的那群古猿，就不得不离开山上那日渐消失的森林，到没有森林只有疏疏落落的树木的平原上来生活。"[1]

由此可推断，由古猿进化而来的原始人类开创了喜马拉雅山脉一带的原始穴居时代，他们为了躲避风雪以及野兽的侵扰，遇穴而处，栖身于天然的洞穴之中，直到距今几十万年以前，古人类学会了把火种保存起来，才定居在天然的洞穴之中。

（2）人工穴居时期

在喜马拉雅山脉一带的很多地方，如普兰、札达等地，由于当地可供栖居的天然岩洞很少，加上当地的气候干燥寒冷，而其境内土质属于上新世湖相和河流沉积地层，以砂岩和黏土岩为主，比较疏松。正是在这种特殊的地理环境下，原始人类模拟自然，"仿兽穴居"。

根据人类的智力、生产力以及生活习性等判断，人工穴居的开始时期应在旧石器时代的晚期，这时的原始人类已经开始使用简单的石器来掏挖洞穴居住。

（3）洞窟建筑形成时期

随着人类从原始社会进入奴隶社会，生产力进一步提高，出现了铁器、铜器等金属工具，这些工具更利于掏挖洞窟。喜马拉雅山脉一带的札达、普兰、拉达克、木斯塘地区均属于气候干燥寒冷、降水量极少、海拔超过3 000米的高山地带，自然条件严酷，植被稀少，十分缺乏木材等其他建筑材料，当地土质均为河湖相的沉积岩，岩层中垂直节理比较发育，具有良好的直立性，土质的质地较为松散，易于掏挖。

人类生产力的发展和当地的自然条件的限制，是人工洞穴最终发展为洞窟建筑的主要因素。

---

1 陈耀东.中国藏族建筑[M].北京：中国建筑工业出版社，2006：94.

4. 与内地窑洞的比较

纵观人类建筑发展的历史，其最初的形态应是原始人类的穴居和巢居，见于很多古籍的记载，地势高、干燥、寒冷地方的原始人类多穴居，地势低洼、潮湿、多虫蛇地方的原始人类多巢居，如《孟子·藤文公》中叙述"下者为巢，上者为营窟"等。

下文将喜马拉雅山脉的洞窟建筑与建筑形式相近的内地窑洞民居做比较，探讨二者的异同。

人类起源地之一的黄河流域，有广阔而丰厚的黄土层，土质均匀，含有石灰质，有壁立不易倒塌的特点，便于挖做洞穴。因此在原始社会晚期，穴居成为这一区域部落广泛采用的一种居住方式。发展至今，黄河流域的窑洞民居已经成为一个完备的建筑体系。在黄土高原一带的陕北、豫西等地，窑洞建筑相当普遍，该地的窑洞除了靠崖窑之外，还有地坑院的形式；而普兰、札达地处山区，洞窟皆沿山崖断壁开挖，在窟前套一个实体房屋也较常见，但靠崖窑是此地唯一的形式。另外，阿里的洞窟平面形状有方形、长方形和圆形，面宽在 3.3 ~ 4.2 米之间，进深为 3.0 ~ 4.2 米，层高一般不会太高，在 1.8 ~ 2.5 米之间；而黄土高原一带的窑洞则大都是长方形，面宽一般 2.7 ~ 3.4 米，进深较阿里洞窟大，在 4.0 ~ 8.0 米之间，层高也比较高，达 3.4 ~ 4.0 米。两地洞窟洞顶的形式也有所不同，阿里洞窟窟顶多为平拱和低矢拱，拱脚呈圆弧形；黄土高原的窑洞则有平拱、半圆拱、抛物线拱、割圆拱多种形式。两地洞窟现状则差异更大，阿里的居住洞窟大多都处于废弃的状态，有些已经坍塌而归为尘土，好一些的现在作为藏民的储物间；而豫西大部分的窑洞现在还被当地居民使用，保存大多完好，且因具有极好的生态效应和浓厚的人文气息常常被建筑学者研究。

同样是由原始社会时期人类穴居发展而来的洞窟建筑，喜马拉雅山脉一带的洞窟没有像黄河流域的窑洞那样，形成建筑形制规整、施工方法完善的建筑体系。喜马拉雅山脉一带的洞窟建筑所处地区的自然条件艰苦，当地人的生产力低下，他们的生产、生活始终处于一种原始的状态，当地的土质虽然适于掏挖洞窟，但不如黄河流域黄土高原一带的密实且分布广泛，这些条件的制约使得其洞窟建筑形式并未发展成为完善的建筑体系。但是这种洞窟建筑相对比较原始，类型十分多样，特殊的自然环境和社会环境使得喜马拉雅山脉一带的洞窟形成了独具特色的形式。

　　过去，当地居民们的生活穷困，大多数人居住在洞窟里。随着西藏民主解放，居民们的生活大有改善，生活条件越来越好，生产力大大提高，居民们逐渐搬出了洞窟，住进了藏式平顶房，如今绝大部分的洞窟已经被废弃了。当地社会中宗教占据了十分重要的地位，尤其是古格王国以后，佛教盛行，正是在这种情况下，可能是由供早期宗教徒修炼或居住的岩洞发展而来的洞窟佛殿，成为洞窟建筑中非常独特、室内壁画十分精美的举世瞩目的佛教建筑。

第三章　阿里洞窟民居

居住方式是由自然条件、经济因素和生产力发展等多种因素决定的。在阿里这片特殊的土地上，存在"上古穴居而野处"的证据。在不甚发达的时代，藏族先民利用壁立不倒的土质在山壁上开凿出居住的场所，如今可见多处遗址"状若蜂巢"的壮观景象。随着经济的发展，生产力的提高，阿里藏民们不需要再栖居洞窟，而是筑屋而居，上栋下宇，有院有墙，形成现在阿里最为常见的藏式碉房，此类建筑亦是阿里居住类建筑研究的重点。

阿里洞窟民居所分布的孔雀河、象泉河流域是聚集着定居人口的农业区，居住在这些洞窟民居中的居民一般包括当地的农民、手工业者和僧侣等。以耕种为业的农民占大多数，他们是这些居民点的主要劳动力来源；据考古资料记载，有的洞窟室内残留有木炭、炼渣等遗迹，这说明这些洞窟内的居民是以经营作坊为业的工匠；在一些寺庙周围分布着许多洞窟，由于当时寺庙建筑的发展还没有如今完善，一般除主要的佛殿外，并没有统一的僧舍，所以这些洞窟很可能是当时僧侣的住所。这些洞窟在建筑形制上几乎相同，故笔者将其全部归纳为洞窟民居进行研究。

第一节　阿里洞窟民居特点

现今阿里地区的普兰、札达两县，还遗存有大量的居住洞窟建筑。在生产力低下的条件下，洞窟因施工便捷而成为人类居住的首选。阿里境内的洞窟民居几乎都是成群地聚集，且户与户之间联系较为紧密，这可能是由于历史上战乱频发以及居民生产力低下所致。群居是可以抵御外敌和野兽的袭击的居住方式，同时也是扩大自己力量的一种方法。

洞窟民居群落的规模不一，群落中的洞窟数量有数十座、数百座甚至数千座不等，说明当时此地驻有众多的人口。这些洞窟群，有些分布在山顶处，地势陡峭险峻；有些沿着河谷的一侧崖面上呈带状展开；有些分布十分密集，环绕山体层层分布于山脚、山腰和山顶。

在研究洞窟民居的单体之前，应首先分析其群落的特点，本书将"洞窟民居群落"简称为"洞窟群"进行阐述。

1.洞窟群分布

在实地调研的基础上，根据《阿里地区文物志》《皮央·东嘎遗址考古报告》

《古格故城》等资料的记载，将札达和普兰县境内遗存的具有代表性的洞窟群列表归纳（表3-1）。

表3-1　札达、普兰县境内的洞窟群归纳

编号	简称	现存规模	位置
1#	古格洞窟群 （图3-1）	由800余孔洞窟民居组成	札达县托林镇境内，札布让村外2公里处的一座突出的土山东面和北面的山坡上
2#	托林洞窟群 （图3-2）	由数十孔洞窟民居组成	札达县托林镇境内，现托林寺南面1公里外的山丘中腰
3#	皮央洞窟群 （图3-3）	由近千座洞窟民居组成	札达县东嘎乡境内，皮央村旁的一条通往象泉河的河流西岸的山丘上
4#	玛那洞窟群 （图3-4）	由70余孔洞窟民居组成	札达县东嘎乡境内，距古格王国都城遗址17公里处的玛那村旁，玛那村所在山谷北面的断崖上
5#	东嘎洞窟群 （图3-5）	由近200孔洞窟民居组成	札达县东嘎乡境内，今东嘎村北面山体上，东南距东嘎村约400米
6#	达巴洞窟群	由数百孔洞窟民居组成	札达县达巴乡境内，现乡政府所在地的西北面的两座山的山脊之上
7#	多香洞窟群	由近200孔洞窟民居组成	札达县托林镇境内，距札布让村西南约20多公里的多香河谷中，河流东岸的独立土山上
8#	香孜洞窟群	由约700孔洞窟民居组成	札达县香孜乡境内，现乡政府所在地北面的山体的山腰及山顶区
9#	岗孜沟洞窟群 （图3-6）	由数十孔洞窟民居组成	普兰县普兰镇境内，科迦村西北面几公里外的岗孜沟东北面的山体上
10#	孔雀河畔洞窟群 （图3-7）	由数百孔洞窟民居组成	普兰县普兰镇境内，普兰县城城边的孔雀河北岸一带的山体上

（表格来源：曾庆璇根据调研情况以及《阿里地区文物志》《皮央·东嘎遗址考古报告》等资料制）

图3-1　古格洞窟群

图3-2　托林洞窟群

图 3-3　皮央洞窟群

图 3-4　玛那洞窟群

图 3-5　东嘎洞窟群

图 3-6　岗孜沟洞窟群

图 3-7　孔雀河畔洞窟群

2. 选址与布局

（1）选址的自然因素

将札达和普兰县境内的 10 处洞窟群所处的地理位置和周围的自然环境，列表简述（表 3-2）。

表 3-2　洞窟群的地理位置和周边自然环境

编号	简称	位置
1#	古格洞窟群	位于象泉河南岸二层台地上的一座土山的东面和北面的山坡上。土山东、北两面为平缓、开阔的坡地和谷地；南面与大山相接；西面是悬崖。土山东面的那布沟河谷里遍生牧草和灌木丛，沟东侧有泉数眼，终年不绝，形成小溪，向北流入象泉河，沿途可灌溉少量农田；土山西面悬崖下的努日笼沟，沟宽谷深，谷底是平缓的卵石沙滩，沟东侧的土山悬崖下有泉数眼，流量较那布沟泉水小，下流成溪，向北流入象泉河。两沟以内的泉水为该洞窟群的常年水源（图 3-8）
2#	托林洞窟群	位于距象泉河谷约 1 公里外的土山的北面及东面的山腰上，山脚下西北面有大片开阔的平地，现为县政府所在地，山脚下有溪流通往象泉河（图 3-9）
3#	皮央洞窟群	分布在河流西岸山丘的北面和南面的山体上，几乎占据了一整座山丘。山前是大片开阔、平缓的谷地，现皮央村就建在这片谷地上，谷地中的皮央河通往象泉河（图 3-10）
4#	玛那洞窟群	位于玛那村所在山谷的北侧断崖的崖面上，崖面呈东西走向，山谷南北宽 1.5 公里，谷间是大片草地，山谷中的玛那曲通往象泉河（图 3-11）
5#	东嘎洞窟群	位于今东嘎村北面的山体的北坡上，山体北面是一片略开阔的谷地，谷地中央有一条小溪由东向西流过，至皮央村东侧与皮央河汇合后向南流入象泉河（图 3-12）
6#	达巴洞窟群	密集地分布于山体的南面一侧的山坡上。山体的西北面与群山相连；东面有大片的平地和河谷，现达巴乡政府就位于这片平地上；山体南面山谷中有溪水流过，与东面谷地中的河流汇合后流向象泉河
7#	多香洞窟群	位于多香河谷中河流东岸的一座独立的土山上，土山由东向西横列，洞窟群分布在山体南侧的山坡上
8#	香孜洞窟群	位于山体的南侧山坡上。山体的北面山谷中有溪水流过；西面为山峦；东面及南面为大片开阔的平地，为现香孜乡的行政所在地。山间的溪水汇集于平地上的河流，最后流向象泉河
9#	岗孜沟洞窟群	位于山体的东南面一侧，山前为开阔的谷地，谷地上有大片的草地及农田，孔雀河从谷地中流过（图 3-13）
10#	孔雀河畔洞窟群	位于孔雀河北岸的带状崖面上，洞窟群附近有大片开阔的谷地，为普兰县城所在地（图 3-14）

（表格来源：根据调研情况、《阿里地区文物志》等资料绘制）

（a）由那布沟遥望古格洞窟群　　（b）从古格洞窟群所在山体俯视那布沟河谷

图 3-8　古格洞窟群东面的那布沟河谷

图 3-9 托林洞窟群西北面的开阔平地

图 3-11 玛那洞窟群南面的山谷

图 3-10 皮央洞窟群前开阔的谷地

图 3-12 东嘎洞窟群北面的溪流

图 3-13 岗孜沟洞窟群前开阔的谷地

图 3-14　孔雀河畔洞窟群附近的大片谷地

　　总结上述 10 个洞窟群所处的地理位置和周围的自然环境，对其选址的自然因素可归纳为四点，即靠山、近水、周围有开阔平地和朝阳分布。

　　① 依靠土山或断崖为载体，地势险峻

　　洞窟群大多选择在陡峭的山体上或是山谷一侧的崖壁上掘挖。因为洞窟民居为掘挖于土体之中的建筑，所以必须依靠山体或崖面为载体。同时，大多数洞窟都位于较为陡峭的山体或崖面上，其地势颇为险峻，具有很强的防御性。战时，居民守住洞窟对抗外敌，居高临下，尽占视野和地势的优势，大有一夫当关、万夫莫开之势。

　　② 靠近水源

　　洞窟群通常位于靠近河流或小溪的山体或崖壁上，这些水流均与较大的河流相通，确保了水源的供应常年充足。水源是居民生存和进行生产活动的必备条件，充足的水源是所有地区的民居聚落形成的第一条件。

　　③ 周围有平缓开阔的谷地

　　由于居住在洞窟中的居民需要农耕或者放牧，因而开阔的山谷或河谷成为其生产、劳动必不可少的场所。居洞窟群附近开阔的谷地既可以用于放牧牲畜，也可以开垦为农田，还可以为居民提供设置商品交易的市场空间和可供众人集会的广场空间。

　　④ 向阳分布

　　由于阿里的南部一带属于高原亚寒带干旱气候区，气候寒冷，作为居民住所的洞窟必须首先满足保暖的需要。洞窟群通常位于向阳的山坡或崖面上，这种选址可以使洞窟的门洞尽可能地朝向向阳的一面，使室内在白天的时候能最大程度地吸收太阳的热量，这样到了夜晚洞窟室内也会保持较高的温度。

（2）洞窟群分布

每一个洞窟群在远古时代都是一个完整的村落，故而除居住功能的洞窟外，还有寺庙、佛窟、僧人修行洞等宗教类洞窟。具体到布局的层面上，寺庙、宗山等重要的实体建筑往往位于山顶部的平台之上；佛窟则次之，位于山腰之上；居民的洞窟则环绕寺庙、佛窟，自上而下延伸布置至山麓地带，形成一个防卫机制极强又极具组织性的众星捧月般的格局。高原地广人稀，且古格时代战乱频繁，故而洞窟往往聚集成群，如遇野兽来袭或战争爆发，居民之间可以快速地传达和集结人员；况且山体巍然，又兼洞窟成千，令来犯者观之震撼，防御性可见一斑。

3. 洞窟群与周边其他建筑的关系

洞窟群并不是单独存在的，而是与其他建筑互相融合，它们之间有密不可分的关联。如有些洞窟群的分布点也有不少房屋民居，它们与洞窟群并存，共同被作为居民的住所；洞窟群通常分布在佛殿、佛塔等佛教建筑周围；有些洞窟群中或附近的山头上建有碉堡、防卫墙等防御性建筑；有的洞窟群是城堡的重要组成部分，围绕着王宫分布，与王宫的相对位置充分体现了被统治与统治的关系。总之，洞窟群与其他建筑的关系大致可归纳为房屋民居、佛教建筑、宫殿建筑、防御性建筑四类。

体现洞窟群与其周围其他建筑关系的实例中，古格王国都城遗址最具代表性。古格王国是 10 世纪末至 17 世纪之间统治阿里的强大王国，其都城城堡也是在这一时期内建立起来的。古格洞窟群是古格王国都城遗址的一部分，洞窟群所在的土山上除了 800 余孔洞窟民居外，还有房屋民居近 300 座、佛教建筑 10 多处、王宫建筑数十处以及多处用于防御的碉堡和防卫墙等[1]。笔者详细分析了这座遗址中的各类建筑，以发掘出洞窟群与周围其他建筑的关系（图 3-15）。

古格洞窟群位于遗址所在土山的东北面和北面的山体上，主要密集地分布于山腰及山脚地带。

遗址中的房屋民居主要集中在土山的东、北两侧的山腰上，山脚下只有零星

---

1 西藏自治区文物管理委员会.古格故城[M].北京：文物出版社，1991：12-14.

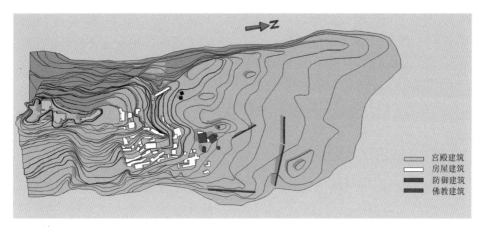

（a）总平面图

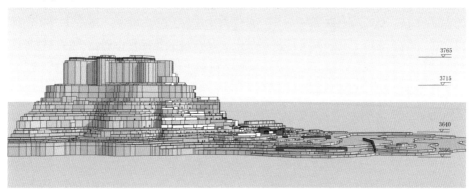

（b）东立面海拔高度示意

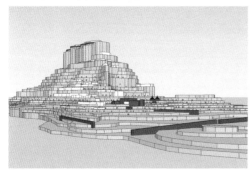

（c）东北角仰视

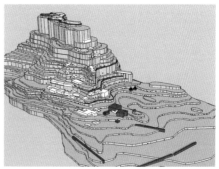

（d）东北角俯视

图 3-15　古格王国都城遗址主体土山模型示意

的十余处。土山的西、南两侧均为悬崖峭壁，无法构筑房屋，北面的山脚下虽然是缓坡，但属于城壁外围，且处于冲积扇或谷地，易受雨水冲刷，也不宜修建房屋，东北侧不仅能保证充足的日照，山腰上的平台也为修建房屋提供了场地。所以可以说，房屋民居与洞窟群的功能一致，都是用于居住，其选址的自然因素大体上相同，在山体上地势较好便于修建房屋的地方则建有房屋，而其余地方则分布着洞窟。

遗址中佛教建筑的数量占有相当大的比例，除了山顶王宫区有一些专供王室礼佛的佛殿之外，最主要的几座佛殿均位于土山东北部的山腰处，分别是拉康嘎波（白殿）、拉康玛波（红殿）、卓玛拉康（度母殿）、杰吉拉康（大威德殿）。西北山脚处还有两座佛塔，拉康玛波旁有一座佛塔残基，其他的佛教建筑尚有 4 座洞窟佛殿。它们与洞窟民居一样，是掏挖于山体之中的建筑，基本上位于洞窟群之中。玛尼墙位于洞窟群外围的缓坡上。从遗址的布局可以看出，古格遗址中的洞窟群围绕着佛教建筑分布，其中主要的佛殿占据着中心、较好的位置，佛塔、玛尼墙等佛教建筑则位于洞窟群中较次要的位置。

遗址中王宫位于山体的顶部，比山下的洞窟群高出了近 200 米，其所在山顶的四周全部为悬崖峭壁，只有通过一条陡峭的暗道才可以到达。洞窟群簇拥着王宫分布，洞窟中居住着统治阶级所需劳力的主要来源，而高高在上的王宫使居住在洞窟群中的臣民们感受到王权的崇高。在功能上，住在山下的居民白天需要外出劳动，较低的住所易于每天的出行；住在王宫中的贵族则不需要每天出去劳作，他们只需待在自己的王宫中享乐，良好的提水暗道可以为王宫提供水源和补给，使贵族们过着与外界完全隔绝的奢侈生活。这样的位置关系无论是在军事上、精神上还是功能上都十分契合了。

遗址中的洞窟群里分布了 20 座碉堡[1]，这些碉堡都位于洞窟群中地势险要的小山包或悬崖上，居高临下，可对周围地区进行有效的监控和防卫。洞窟群外山下东北部和西北部的防卫墙合成"U"字形，阻挡在东北部的缓坡上，能够有效地防护北部大部分扇形坡面，扼守住进入城堡的主干道。而洞窟群的山腰处则布置了数道防卫墙，沿崖边连接于碉堡和房屋之间[2]。这样防御性建筑与洞窟群结合

---

1 西藏自治区文物管理委员会 . 古格故城 [M]. 北京：文物出版社，1991：137-140. "共有碉堡 58 座，其中 Ⅰ 区 5 座、Ⅱ 区 1 座、Ⅲ 区 1 座、Ⅳ 区 13 座、Ⅴ 区 12 座、Ⅵ 区 20 座、Ⅶ 区 3 座、Ⅷ 区 3 座。" 洞窟群所位于的东、北侧山腰，包括了其中的 Ⅰ、Ⅱ、Ⅲ、Ⅳ 四个区，其中一共分布了 20 座碉堡。
2 西藏自治区文物管理委员会 . 古格故城 [M]. 北京：文物出版社，1991.

构筑的城堡更为坚固。

阿里境内的洞窟群与周边其他建筑的关系归纳如下：

（1）洞窟群与碉房民居的关系

洞窟民居和碉房民居都是阿里农业区居民的主要住所，部分洞窟群中建有相当数量的碉房民居，也有许多洞窟群中并没有出现碉房民居。笔者推测这些碉房民居应是当时社会中比较有地位的居民的住所，因为在缺乏建筑材料的阿里地区，建造碉房所需的劳动量远比掏挖洞窟多，对于古格时期的平民百姓来说这是相当困难的。在碉房民居与洞窟群并存的情况下，碉房民居通常占据较好的地理位置，位于较高的山腰上，洞窟群则散布在其周围的山体上。

（2）洞窟群与佛教建筑的关系

佛教自从在 7 世纪被引进西藏，与藏文化融合形成藏传佛教以来，就在藏族人心中具有崇高的地位。旧时期，佛教是统治阶级用来领导和教化民众的工具，是民众日常生活中必不可少的部分，与民众的关系非常密切，所以居民聚居的洞窟群总是分布在佛教建筑的周围。

这些佛教建筑包括佛殿、僧舍、经堂、佛塔、玛尼墙等地面建筑和用于供佛的洞窟佛殿等。虽然洞窟群附近的佛教建筑有山顶、山腰、山脚、平地等不同的位置之分，但二者的位置关系始终是洞窟群分布于佛教建筑的周围，联系十分密切（表3-3）。

表3-3 洞窟群附近的佛教建筑

编号	简称	附近的佛教建筑
1#	古格洞窟群	白殿、红殿、大威德殿等佛殿和经堂、佛塔、玛尼墙等建筑，集中分布在洞窟群所在土山的东侧山腰的中部区域，即位于洞窟群之中
2#	托林洞窟群	两座殿堂、两座佛塔位于洞窟群中央
3#	皮央洞窟群	集会殿、佛塔等建筑分布在洞窟群所在山体的山腰及山顶处
4#	玛那洞窟群	玛那寺位于洞窟群所在断崖南侧山谷的平坦地带，距洞窟群仅几百米
5#	东嘎洞窟群	洞窟群所在山体的山顶部建有佛教寺庙，山下有成排的塔群
6#	达巴洞窟群	洞窟群南侧山体的中央部位和最东部分均为佛殿等建筑
7#	多香洞窟群	佛殿和佛塔分布于洞窟群所在山体的山脚下山坡及皮平地上
8#	香孜洞窟群	洞窟群所在山体的南坡上建有强巴佛殿、护法神殿等殿堂
9#	岗孜沟洞窟群	距岗孜沟洞窟群2公里外有著名的科迦寺
10#	孔雀河畔洞窟群	洞窟群附近几百米处有古宫寺、香柏林等寺庙

（a）北面山脚下的圆形碉堡

（b）北面山腰上的防卫墙

图3-16　古格王国都城遗址中的防御性建筑

（3）洞窟群与宫殿建筑的关系

体现洞窟群与王宫关系的例子只有古格王国都城遗址一例，两者一低一高的相对位置关系充分地体现了统治与被统治的阶级关系。

（4）洞窟群与防御性建筑的关系

阿里地区的不少洞窟群中或周围都建有防御性的建筑，如防御墙、碉堡等，这些洞窟群与防御性的建筑有机地结合起来连成一体，犹如一座坚固的堡垒。

尤其是在札达县境内的几处洞窟群所在的城堡遗址中，洞窟群与防御性建筑连成一体的实例屡见不鲜。如古格王国都城遗址的洞窟群中分布了20座碉堡、数层防卫墙[1]；多香城堡遗址的洞窟群主要集中在山体的南侧，而在狭长的山脊和西侧山体上分布着 16 座碉堡和 2 道防卫墙；达巴城堡遗址中的洞窟群所处山体的顶部设有独立的碉楼，山体边缘的东西两侧均有土坯砖砌筑的防卫墙；香孜城堡遗址所在的土山呈东西一线展开，遗址中庞大的洞窟群位于山体的山腰及山顶处，而山脊顶部一线建有碉楼及防卫墙[2]（图 3-16）。

4. 群落中的联系

对于聚集的洞窟群，学者马丽华在书中写道："打量着这些成片成簇的高及人齐的土崖上的洞穴，突然发现它多像一个村庄：道路可通向每一个洞窑，似有可集会的小广场，且有墙垣环绕……"[3]

正如她所述，洞窟群自身就是一个完整的居住小群体，群落中的道路将每户洞窟紧密地联系在一起。历史上该地战争较为频繁，且生产力低下，因此为了抵御外敌，居民只有成群地聚集而居，并且将每户洞窟互相紧密地联系起来，从而形成了现在所见的内部联系紧密的如同小村庄的洞窟群。

洞窟群内部联系密切，如若遭遇到危险，洞窟群中的居民可以一呼百应，在最短的时间内聚集起来，共同抵御外敌。这种密切的联系可以体现在以下三种联系方式上。

（1）用山路相互连接

位于山体上的洞窟群大多沿山势建有多条狭窄陡峭的山路，通过这些密布的山路将每户洞窟紧密地连接起来。

洞窟群通常居于土山一侧的山坡上，每户洞窟门前或用土垫，或用石头垒砌，建有一个并不宽敞的平台，狭窄的山路大体上呈"之"字形由山脚下通向山顶，山路的分支通向每户洞窟门前的平台，远看上去错综复杂，分不清哪一条是主干，哪一条是分支。

位于坡度较缓的山坡上的山路尚且难走，位于山势陡峭的山坡上的山路走起来就让人更觉惊心动魄了。一部分洞窟群位于较陡的山坡上，很多处山路用石块堆砌或是向山体内开凿而成，往往只有几十厘米宽，只够一人行走，遇到对面来

1 西藏自治区文物管理委员会.古格故城[M].北京：文物出版社，1991.
2 索朗旺堆.阿里地区文物志[M].西藏：西藏人民出版社，1993：94-104.
3 马丽华.走过西藏[M].北京：作家出版社，1994：296.

（a）远观　　　　　　　　　　　　　（b）局部

图 3-17　皮央洞窟群中的山路

人的时候，双方都要小心地侧身让行才能通过，这给不熟悉地形的外来人增加了困难。而为了从一户洞窟尽快地到达另一户洞窟，山路通常以最接近直线距离的形式修建，因此山路的坡度很大，十分陡峭（图 3-17）。

（2）用悬挑木走廊相互连接

阿里境内的部分洞窟群中，洞窟周围的山体或崖壁上留有人工开凿的孔洞，似是为了插放一些木质构件所留，这种孔洞在玛那村旁的洞窟群中尤为多见。

玛那村旁的洞窟群位于山谷北侧的崖壁上，此洞窟群中，洞窟门洞附近的崖壁上通常遗留有一排排整齐排列的方形孔洞，孔洞的边长一般为 10 余厘米，孔洞之间相距 0.5 米至 1 米左右，十余孔至数十孔成排排列（图 3-18）。

与此地相邻的普兰县境内有一座至今保存完好的洞窟寺庙古宫寺，这座寺庙为现存的用悬挑木走廊连接各洞室的洞窟建筑，距今约有三四百年的历史。寺庙殿堂外的悬挑木走廊，以下部插入崖壁的木棍做挑梁，上铺木条为面层，木棍的截面为边长 10 余厘米的正方形，每根木棍相距 1 米左右。笔者根据这座寺庙的

图 3-18　玛那洞窟群崖壁上的孔洞

（a）僧舍外部   （b）佛殿外部

图 3-19　古宫寺洞窟外部的悬挑木走廊

悬挑木走廊大胆判断，玛那村旁的洞窟群中的孔洞应为插置外部走廊的挑梁所遗留下来的，只是由于时间久远，木质走廊及楼梯都已腐朽不存了（图 3-19）。

玛那村旁的洞窟群和普兰县境内的洞窟寺庙所处的崖壁与地面几乎呈 90° 夹角，无法直接在崖壁面上开凿山路，因此聪慧的当地居民想出了在洞窟外部架设悬挑木走廊和楼梯的方式连接邻里。

（3）用暗道相互连接

暗道也是洞窟群中一种重要的连接方式，据阿里地区文物志等文献的记载，在阿里境内的洞窟群中有不少暗道相通的例子。暗道通常连通几户洞窟内部，居民可以通过暗道互相转移位置和通话，也有从洞窟室内通向山崖边缘瞭望口的暗道。

笔者在调研中发现一例以暗道相连的两户洞窟民居。这是位于古格洞窟群中山腰处的两座三室洞窟民居，两户洞窟的侧室之间有一条长约 2.5 米的暗道通向

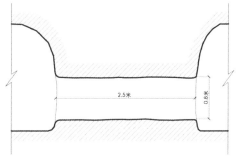

（a）暗道两端   （b）暗道剖面

图 3-20　古格洞窟群中两户洞窟式民居间的暗道

各自的室内。暗道的横截面近似椭圆形，宽0.43米、高0.8米，刚好可供一人钻过，从暗道的一端可以很清晰地听到另一端人的喊话（图3-20）。

第二节　洞窟民居单体

1. 洞窟民居单体的选址

洞窟民居单体的选址大体可以归纳为两类，一种是分布在山体一侧山坡上的洞窟民居，可称之为"靠山式"洞窟；另一种是分布在河谷一侧的崖面上的洞窟式民居，可称之为"沿沟式"洞窟（图3-21）。

（1）靠山式

大多数洞窟民居单体都分布在山体一侧的山坡上，这些洞窟前都有开阔的平地，以土山为载体，沿等高线成排地在山坡上开凿，但所处的高度不同，在山脚、山腰、山顶都有分布。靠山式洞窟顺着山势掏挖，即减少了土方量，又与周围环境相协调。按照山坡的面积和高度，很多地方通常会开凿几层洞窟，顺应山体构造，每层洞窟都比下面一层洞窟退后一些，呈阶梯式布局，这样既在洞窟前自然形成

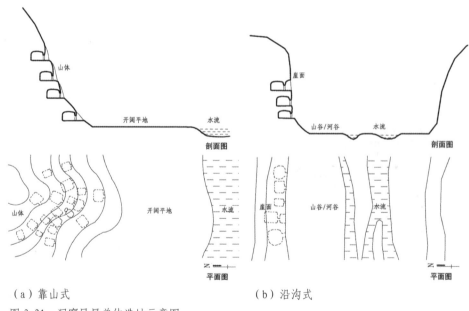

（a）靠山式　　　　　　　　　　　　（b）沿沟式

图3-21　洞窟民居单体选址示意图

一个平台，又减小了下面一层洞窟顶部的荷载，在争取空间的同时保证了土体的稳定。

靠山式洞窟的实例非常多，如古格王国都城遗址、托林寺洞裤群遗址、皮央洞窟群、多香洞窟群、东嘎洞窟群等，这些窑洞群中绝大部分的洞窟民居单体都属于靠山式洞窟。

（2）沿沟式

也有不少分布在河谷中的洞窟民居，它们通常在河谷中向阳一侧的崖面上掏挖，如札布让村附近的那布沟河谷中和几公里外的卡尔普洞窟群中西北侧河沟中的洞窟民居等。

沿沟式的洞窟民居由于沟谷较窄，虽然不如靠山式的洞窟民居视野开阔，但河谷中的气候和生态环境良好，也是理想的居住之所。河谷中的窄沟夹岸可避风沙，有冬暖夏凉的独特的小气候，河谷底部常年有河流或溪水流过，可保持局部空气的湿润，谷底的水草丰富，又是放牧牲畜的好地方。

在距札布让村不远的那布沟河谷里的崖壁上遗存有数个洞窟民居，这些洞窟民居由于雨水和风沙的侵蚀，损坏比较严重，只残留一些壁面和龛洞，门洞等其他设施都不存在了。那布沟为一条南北走向的河谷，河谷里终年溪水不断，谷底长满了丰富的水草，洞窟民居位于河谷西侧的崖壁上，垂直高度距离那布沟底近10米，洞窟前有一条十分狭窄的山路，可下至那布沟底部。

距古格城堡遗址4公里外的，同时期的卡尔普遗址位于古格洞窟群东侧约4公里的小山包上，其中一部分洞窟民居分布在溪流经过的西北侧河沟的断崖崖面上[1]。

2. 洞窟民居单体的组成

洞窟民居的单体一般由门前平台、入口立面、室内壁面、地面和顶棚五部分组成。

（1）门前平台

洞窟民居的门前一般不设院落，位于山体上的洞窟，由于门前的地方很小，只留出一块很小的供出入的平台，若洞门前较陡，则用石头垫起一块小平台以供出入（图3-22（a）、图3-22（b））；位于平地或山脚缓坡地带的洞窟一般将

1 索朗旺堆.阿里地区文物志[M].西藏：西藏人民出版社，1993：94-104.

（a）古格洞窟群中洞窟门前的平台

（b）皮央洞窟群中洞窟门前石头垒砌的平台

（c）古格洞窟群缓坡地带的洞窟

（d）玛那洞窟群中崖面上的洞窟

图 3-22　不同位置的洞窟民居的门前布置

门前稍加平整，并未见围成院落的痕迹（图 3-22（c））；位于笔直崖面上的洞窟门前则根本没有多余空间，它们或是将崖面向内凿出一块小平台或是干脆用木头悬挑出一个仅供出入的通道，如玛那洞窟群中大部分的洞窟，其外部木结构现已腐朽不存（图 3-22（d））。

（2）入口立面

洞窟民居的入口立面通常是由土体壁面、门洞和通风采光口组成，洞窟民居为直接在山体中掏挖的建筑，由于考虑到保暖和坚固的要求，入口的壁面通常较厚，多数达 0.5 米以上。门洞是进出室内外的通道，一般宽 0.5～0.8 米、高 1.2～1.5 米，门洞上部架设木过梁，再安装门框和木门，这些木过梁大多腐朽不存了，只有门洞上部的两侧留下放置木梁的凹洞（图 3-23（a））。也有些洞窟的门洞可能是在掏挖的时候为了方便运输土渣，开得较宽，待掏挖完毕后，则将洞口的一

（a）门洞上部架设木过梁的凹洞　（b）门洞四周由石块填砌起来

（c）门洞上方设有通风采光口

图 3-23　洞窟式民居的门洞

周用石块封砌（图 3-23（b）），然后再安装过梁、门框和木门。门洞上方一般开有通风采光口，这是一个形状近似长方形的宽约 0.15 米、高约 0.3 米的小洞。洞窟通常不设窗户，在室内生活取暖或做饭时，这个小洞由于位置较高，可以起到烟囱的作用，而平时则可作为采光口（图 3-23（c））。

（3）室内壁面

洞窟民居室内一般不做抹面，其内壁直接为所在山体的土层，内壁上一般凿有供休息及放置物品的龛洞。由于居民长期在洞窟内炊事和取暖，内壁通常布满一层厚厚的黑色烟炱。

洞窟民居内壁上用于放置物品的龛洞的形状和大小不一，按照用途可大致分为灯龛、壁龛、壁洞三种。灯龛一般位于内壁的较高处，用于夜晚摆放点燃的酥油灯，供室内照明之用，灯龛的形状一般是下边为直线、上边为圆弧的不规则形，高、宽与进深都在 10 厘米左右，刚好够放进一盏酥油灯。内壁上最多见的就是壁龛了，多数洞窟民居室内都有数个壁龛，它们分布在内壁的各处，有的在墙根处，有的在壁面的中间高度，有的则位置很高；壁龛的形状也多种多样，有梯形、长方形、不规则形等，其中长方形居多，这可能是因为长方形更便于放置物品的原因；壁龛的大小也很不一，小的宽和高只有 10 多厘米，大些的壁龛宽度可达 1 米、高度达 0.5 米多，壁龛的进深通常在 0.1～0.5 米之间。壁洞也是洞窟民居的重要组成部分，它开凿于后壁或侧壁上，壁洞的洞口宽 0.6～0.8 米，高约 1 米，离地高度在 0.3～0.5 米之间。壁洞是通过壁洞口向土体内掏挖而成，平面形状不规则，接近圆角矩形，面积在 1～2 平方米之间，高度通常约 1.5 米。据考古资料记载，壁洞里见有粮食作物的颗粒和燃料渣的遗留，可推断壁洞主要是用于存放粮食和燃料的地方（图 3-24）。

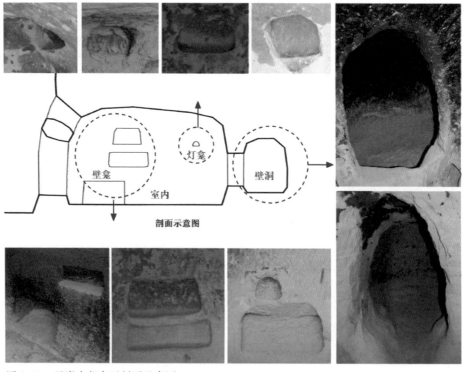

图 3-24　洞窟内部龛洞剖面示意图

洞窟民居的内壁上还有一种形状比较奇特的壁龛，它们2～3个或4～5个地成排开凿于洞窟的内壁上，每个龛与其相邻的龛的距离都比较近，只有0.2～0.3米，横截面上部为大圆弧形，下部为小半圆形，进深和宽都约为0.4米，最宽的龛将近1米宽。《古格故城》及《皮央·东嘎考古报告》书中称之为壁灶，当地也有一种说法，说这是用于供僧人打坐用的座龛。笔者在调研中发现，这些壁龛几个一排开凿于洞窟的侧室之中，侧室中并无直接通向室外的窗口或烟道。如果是壁灶，那么在炊事的时候如何解决排烟问题？而壁龛的下半部分烟炱痕迹较少，这会不会是因为烧火导致的高温使烟炱难以形成？这些疑问一时无法说得清楚（图3-25）。

（a）侧室内壁上相邻的三个壁龛 　　（b）1米宽的壁龛

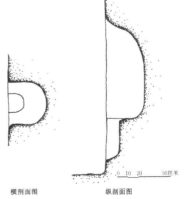

（c）主室中三个相邻的壁龛 　　（d）纵、横剖面图

图3-25 内壁上形状奇特的壁龛

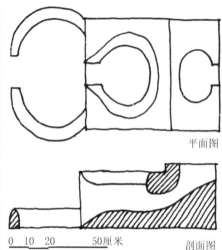

平面图

0 10 20   50厘米

剖面图

（a）泥灶台 　　　　　　　　　　　　　　（b）泥灶台平面、剖面图

图3-26　泥灶台

（4）地面

洞窟民居的地面只是将山体上的土层稍作平整，上面并不铺设垫层，地面上一般会有泥灶台、火塘和储物槽、石台等设施。

泥灶台和火塘都是用于做饭、取暖的设施，泥灶台一般设在室内后壁的墙根处，火塘一般由几个石块堆起，置于室内中央的设施。围火塘生活是藏族农、牧民的传统生活习俗，在火塘四周沿墙设单人床及简单家具，白天在此做饭、起居休闲、待客，夜晚住宿。生活在以火塘为中心的小空间，是藏族的居住特点。由于火塘和泥灶台均为易损坏构件，所以在调研中，笔者只找到一例稍显模样的泥灶台残存，而火塘的遗迹则已辨不出了。现摘抄《古格故城》一书对泥灶台的描述："泥灶台有双眼和单眼两种，其形制一致，以单眼泥灶台为例。灶台主体土台一般长0.7、宽0.5、高0.3米左右，前半部分的圆形开口为灶口，后半部分有排烟口。灶台前部有椭圆形火塘，灶旁的内壁上通常开有存放燃料的龛洞……"[1]笔者根据书中的叙述，推断所发现的泥灶台应是单眼泥灶台（图3-26）。

有些洞窟的室内地面上还砌筑有储物槽，这也是用于存放物品的一种设施，

1　西藏自治区文物管理委员会.古格故城[M].北京：文物出版社，1991：116.

图 3-27　储物槽　　　　　　　　图 3-28　石台

其功能同于储物的壁龛和壁洞。储物槽一般由土砖沿墙根砌筑，与内壁围成一个
半封闭的空间，围合的隔墙较矮，高度 0.3 ~ 0.4 米，形状十分随意（图 3-27）。

　　少数洞窟民居室内的地面上还砌有供睡觉的石台，在东嘎洞窟群中发现的一
例地面与墙壁拐角处砌有石台的洞窟，石台长 1.8 米、宽 0.6 米，台面离地高度约 0.5
米。该洞窟内除了石台还有储物槽、烟炱等生活痕迹，笔者推断石台很可能是供
人睡觉休息的地方（图 3-28）。

　　（5）顶棚

　　洞窟民居的顶棚通常是由山体直接掏挖形成，其剖面略呈拱形，这是由于拱
形具有良好的承载力。顶棚最高处距地面一般为 2 米左右，因为当地气候寒冷，
较低矮的室内空间更利于保暖。顶棚与内壁一样由于长期生火，表面附着了一层
厚厚的烟炱。

3. 实例

　　（1）单室洞窟

　　实例 1：这座洞窟民居是古格洞窟群中的一座单室洞窟，它位于土山的东北
侧的缓坡地带。洞窟门洞朝向东南，从门洞进入便是主室。主室平面呈矩形，四
角抹圆，面宽 3 米、进深 3.5 米、层高约 2 米。内壁上有一层黑色的烟炱，西壁
上有 4 个壁龛、1 个壁洞，壁洞进深 1.2 米、宽 1 米，作为主室的储藏室起到很大
的作用；北壁上有 2 个壁龛，龛的上拐角墙面上被各凿出一个小孔，两孔间穿一
麻绳，麻绳为后来穿上去的，但根据完好的烟炱痕迹可推断，当时的居民是为了
方便悬挂物品而在墙壁上凿出两个小孔；南壁上拐角处有 1 个壁龛；东壁上设门

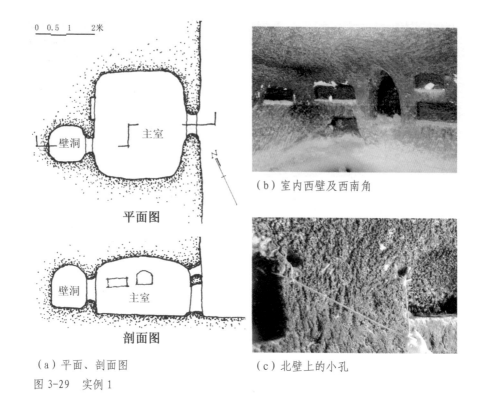

（a）平面、剖面图

（b）室内西壁及西南角

（c）北壁上的小孔

图 3-29　实例 1

洞和通风采光口（图 3-29）。

实例 2：这也是一座古格洞窟群中的单室洞窟，位于土山的东北侧的山腰上，门洞朝正东方向。主室平面为一个边长为 3 米的正方形，墙角处抹成圆角，地面上堆积着一定厚度的尘土，散落着一些石块。主室壁面上的烟炱有所脱落，墙壁往上逐渐内收，层高最高处 1.8 米，室内顶棚呈四周低中央高的拱形。东壁上有门洞，门上有出烟口；南壁上无龛；西壁上离地 0.5~1 米处有两个长方形壁龛，两龛上方接近屋顶处有一个灯龛，西壁正中央还凿有一个壁洞，壁洞口离地约半米，壁洞进深 1.2 米、宽 1.4 米，平面接近长方形，壁洞外的墙根处有一凸起的土块，可能为泥灶台的遗存；北壁上仅有一个灯龛，灯龛的位置较高，接近屋顶，在这个高度设置灯龛可使晚上窑洞室内得到较好的照明（图 3-30）。

实例 3：这是一座古格洞窟群中开凿在河谷崖壁上的单室洞窟，位于那布沟河谷的东面崖壁上，面向河谷，门向朝东。门洞所在的东壁已经损坏不存，洞窟前有一条狭窄的小路，仅能供一人走过。主室平面近似半圆形，宽 3.1 米，进深 1.7

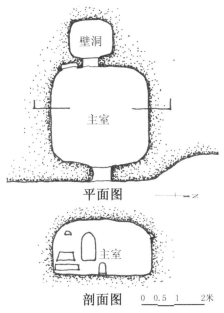

壁洞

主室

平面图　——↑—— Z

主室

剖面图　　0　0.5　1　　2米

（a）平面、剖面图　　　　　　（b）主室西壁

图 3-30　实例 2

米，半圆弧形的壁面上从南至北依次有一个稍大的壁洞，宽1.3米、进深1.1米，
2个近似长方形的壁龛和2个半圆形稍小的壁洞。主室层高最高处约1.7米，地面
有厚厚一层沙土和散落的石头。离此洞窟不远处的山头上有建筑物的残墙，据说
那里曾是古格城堡的哨岗，据此推断，这里可能是站岗士兵的临时住所（图3-31）。

　　实例4：这是一座托林洞窟群中的单室洞窟，位于东侧山坡的山腰上，距托
林遗址的佛殿遗迹很近，门向朝南。洞窟的主室比较宽敞，平面近似椭圆形，宽3.7
米、进深4.4米，屋顶为四周低中间高的拱形，中间最高处2.3米，四周最低处1.6米。
主室四壁上凿满了壁洞和壁龛，正对大门的北壁正中有一壁洞，宽1.7米、进深1.4
米；四壁上的壁龛形状多样，有长方形、梯形、半圆形、不规则形等；地面堆积
了一层厚厚的沙土，散落着很多石块；室内壁面上厚厚的黑色烟炱表皮大半脱落。
从以上情况可大致推断，这座洞窟民居很有可能是当时托林寺内的僧侣的住所，
被使用了较长时间，但随着战乱或是寺庙的搬迁，废弃已久（图3-32）。

　　实例5：这是一座东嘎洞窟群中的单室洞窟，位于山体的南面山崖上，门向
朝南。洞窟的主室外有一圈矮墙，形成了一个半封闭的空间，门洞外的墙壁上凿

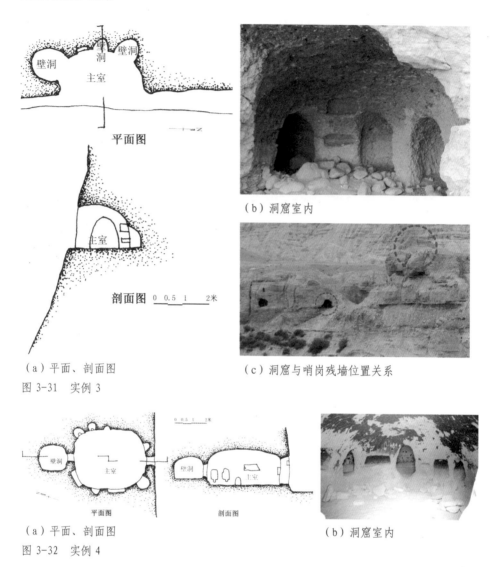

平面图

剖面图　0 0.5 1　2米

（a）平面、剖面图

图 3-31　实例 3

（b）洞窟室内

（c）洞窟与哨岗残墙位置关系

平面图

剖面图

（a）平面、剖面图

图 3-32　实例 4

（b）洞窟室内

有数个长方形的壁龛。主室平面呈圆角矩形，宽 3.5 米、进深 2.8 米，屋顶为拱形，层高约 2 米。主室内壁上有一层厚厚的烟炱，并无壁龛和壁洞，而是在墙角处砌筑了储物的仓池，靠东壁下方砌有一个宽 0.6 米、长 1.8 米、高 0.5 米的石台（图 3-33）。

实例 6：这是一座古格洞窟群中的双室洞窟民居，位于遗址所在土山的东侧山腰上，门向朝南，洞窟西面的墙壁和顶部有部分损坏，但室内保存较为完好。

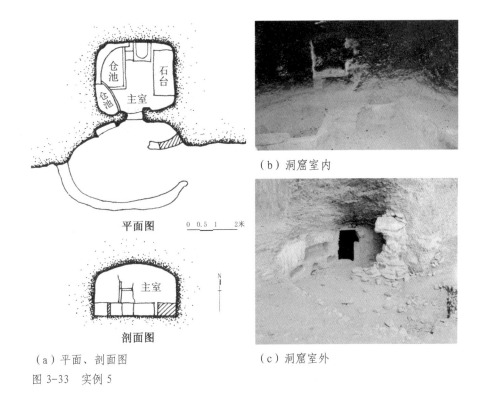

（b）洞窟室内

（a）平面、剖面图　　　　　（c）洞窟室外

图 3-33　实例 5

主室的门洞开凿得很规整，洞口立面为长方形，高 1.5 米、宽 0.8 米、门洞顶部两侧留有摆放木门过梁的凹洞；由门洞进入，直接为主室，主室平面近似长方形，面阔 3.6 米、进深 4 米；主室的顶棚略呈拱形，层高 2 米；主室北壁中间有一壁洞，壁洞的进深和宽度均为 1.65 米，壁洞外的墙根处有凸出的一块长方形石块，可能为灶台的遗存。主室东北角处开有一间侧室，侧室的门洞矮小，高仅有 1 米余。侧室平面近似长方形，宽 1.7 米、进深 2.4 米，顶棚亦为拱形，层高最高处 1.7 米；侧室除东侧墙脚处有一落地龛外，其余壁面并无龛洞，布置较主室简单得多。整座洞窟室内壁面上有一层厚厚的烟炱，地面上散落大大小小的石块，可能为洞窟坍塌部分的残块（图 3-34）。

实例 7：这是一座岗孜沟洞窟群中的双室洞窟民居，位于孔雀河北岸的山崖上，门向朝南，由主室和西壁上的侧室组成。主室平面接近矩形，面阔 3 米、进深 3.2 米、层高 2.1 米，主室中东壁上开有一壁龛，壁灶前的墙根处有两个土砖砌筑的小台；北壁前砌有储物槽。侧室地面比主室地面高出约 0.4 米，平面呈矩形，宽 2.8 米、

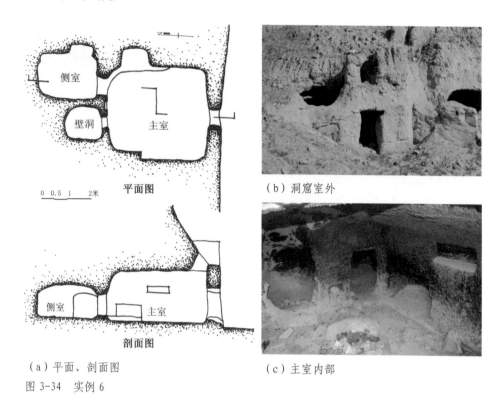

侧室

壁洞

主室

Z

0 0.5 1 2米

平面图

（b）洞窟室外

侧室

主室

剖面图

（a）平面、剖面图

（c）主室内部

图 3-34　实例 6

进深 3.5 米、层高 1.8 米；室内壁面上除拐角处有凹进去的壁龛外，其余壁面并无龛洞，北壁有砌筑的土墩，可能为原室内平台的基座，南壁上开有一玻璃窗，顶棚上贴有塑料布吊顶，由此可见，此间洞窟被遗弃时间距现在很近。洞窟室外陡峭的崖壁上有人工修建的悬挑平台和石头堆砌的台阶，顺着台阶上至室外平台后，才可进入到室内（图 3-35）。

　　实例 8：这是一座古格洞窟群中的三室洞窟民居，位于土山东侧的山坡上，门洞朝南。主室平面为宽 3 米、进深 3.1 米的圆角矩形，正对门洞的北壁上有一 1.2 米 ×2 米的壁洞，壁洞旁有一个长方形壁龛，东壁上有 4 个大小形式一样的半圆形壁龛；主室的西壁上有一侧室，平面为 2.2 米 ×2.4 米的圆角矩形，四壁无龛洞，南壁上有一个暗道口，暗道与另一间三室洞窟相连；主室东北角也有一侧室，平面接近椭圆形，四壁上有 4 个大小形制接近的半圆形龛洞，室内层高约 1.8 米，洞窟内壁有一层厚厚的烟炱（图 3-36）。

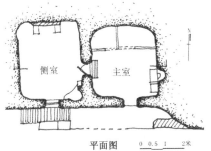

（b）洞窟室外平台和入口

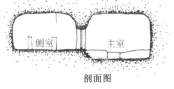

平面图　0 0.5 1　2米

剖面图

（a）平面、剖面图　　　（c）主室东壁壁灶　　　（d）侧室室内

图 3-35　实例 7

（2）双层洞窟

实例 9：这是一座距现托林寺西 2 公里外的一处双层的洞窟，是由上下两层洞室组成，南面的墙壁已毁，只留其余三面壁面，但室内布局仍然清晰可见。一层的洞室较小，且内部无烟炱痕迹，据此可判断，一层洞室可能为储藏室，从此室西壁的楼梯口可上至二层的洞室。二层有两间洞室，且内部布满一层烟炱痕迹，

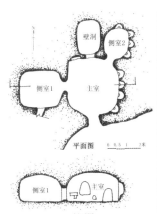

平面图　0 0.5 1　2米

剖面图

（a）平面、剖面图　　　（b）主室内部

图 3-36　实例 8

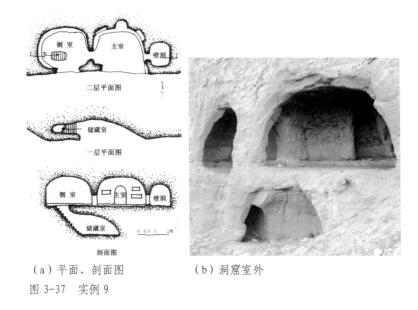

（a）平面、剖面图　　　　　（b）洞窟室外

图 3-37　实例 9

由此可知，二层洞室是主人生活起居的地方，从布局来看，西侧的洞室应为侧室，东侧的洞室应为主室，两室间有一门洞相通。侧室壁面上基本无龛洞，东面开一门洞与主室连接；主室北壁上有一个较大的进深 0.8 米的落地龛洞和数个不规则形状的壁龛，东壁上有一宽 1.5 米、进深 1.2 米的壁洞（图 3-37）。

第三节　洞窟与建筑结合式民居

　　房窑结合式的民居是在靠崖洞窟外面套以藏式房屋的形式，故而大多依山壁而建。这种居住形式与古格王宫相似，在今天的古格遗址中可以发现，当时的王宫就有"夏宫"和"冬宫"之分，夏宫是实体的房屋，而冬宫则是洞窟，两宫之间以暗道相连。阿里的气温日差较大，而年差较小，这种气候特点可以用"一年无四季，一日见四季"的谚语来形容。阿里冬季比较寒冷，居住在洞窟之中可避风御寒；夏季无高温，对人的热舒适感起主要作用的是太阳辐射，因此居住在外面房屋，注意遮阳即可，且其通风较洞窟顺畅，较为舒适。房窑结合的民居兼有"夏室"和"冬室"，居民可根据需要轮换居住。

　　房窑结合的民居，至今在托林、普兰地区的农村还在使用。譬如普兰县城北面的吉让村，孔雀河北岸倚靠山壁的大多数民居就采用这种建筑形式，十分醒目，有些民居至今还在使用（图 3-38）。崖壁上的一些洞窟，是崖前房屋塌毁后内部

图 3-38 房窑结合式民居外观

窑洞的残留，比较清楚地反映了房窑结合式民居的洞窟构造。

实例 10：这是托林一农民住宅，建筑坐北朝南，单层。北面沿山壁开凿两孔洞窟，平面尺寸分别为 2.8 米×2.5 米，1.5 米×2.5 米，作为储藏粮食和杂物的空间；东面开凿一孔洞窟，尺寸为 4 米×4 米，面积最大，且内中布置有火炕，作为"冬室"。洞窟前的建筑面宽 2.5 米，三间，进深 3 米，室内中间放有炉灶，系冬天起居之地。西部房屋是两间卧室，居北，均为方形，3.3 米×3.3 米，作为夏天居住，是为"夏室"。卧室之南为两间畅廊，南北长 3.7 米，东西宽 1.5 米。廊前用矮墙围护，形成半开敞的空间，为夏季的起居

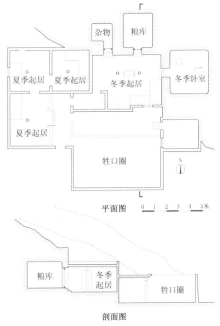

图 3-39 实例 10 测绘图

室。建筑南面有圈养牲畜的院落，亦是半开敞空间，屋面可由冬起居室到达，用以沐浴阳光和作为室外活动的空间（图 3-39）。

实例 11：这是普兰县吉让村一民宅。建筑共三层，坐北朝南，北靠崖壁，南临孔雀河。东西长 13 米，南北宽 3.5 米。底层面阔四间，为过厅、储藏和牲畜圈所用。第二层为居住所用房间，北面沿崖壁开凿有两孔洞窟，西窟面积最大，为

一 4 米 ×4.2 米的方形，室内净高 2 米，为"冬室"；东窟为半窑，面积较西窟小，作为厨房。建筑南部为外套的房屋，最西端是 2 米 ×3.5 米的"夏室"，起居室居中，面积较大，尺寸为 2.95 米 ×3.5 米，屋面开有 1.4 米 ×1.45 米的方形天窗，以盖板遮挡，夏天敞开，满足通风需要，冬天则盖上盖板，以保温和阻隔风沙。三层为屋顶平台，可由起居室内的圆木扶梯到达，平台西北侧开一方形洞窟，为

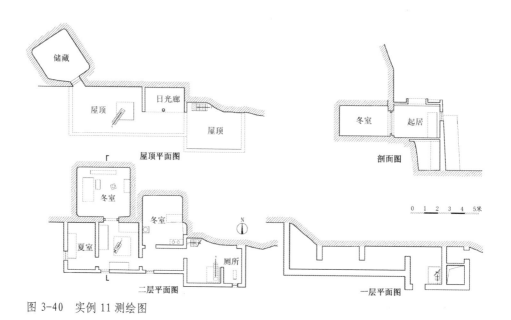

图 3-40 实例 11 测绘图

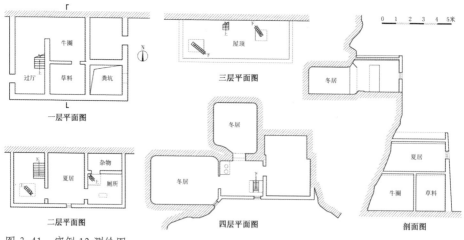

图 3-41 实例 12 测绘图

储藏间；中部沿崖壁建有日光敞廊，冬天可在此沐浴阳光；最东侧为旱厕，有露天蹲坑。整个建筑因地制宜，紧贴崖壁，极具特色（图 3-40）。

实例 12：这是普兰县洛桑丹增宅。建筑坐北朝南，主要分为两个部分，下面为二层的靠崖房屋，上面 3 米高的位置，是一座房窑结合的建筑，靠崖凿有洞窟，外面套以房屋连接各洞。房屋平面为一 8.1 米 ×3.6 米的长方形，面阔三间，入口位于西面。一层是过厅和各类辅助用房，包括牛圈、草料库和厕所的粪坑；二层为主人居住，夏居在中间开间，厕所在东侧；屋顶平台为室外活动的场所。上面的部分从下面屋顶靠崖处的独木梯进入，独木梯通往上部过厅，过厅主要作为连通几个洞窟的交通空间。上部有三孔洞窟，西窟为冬居，中间洞窟面积较西面小，卧室兼做储藏，东窟为半窑半房，作为夏天居室。整个建筑功能分区明确，是房窑结合式民居的典范（图 3-41）。

第四章　阿里碉房民居

第一节　阿里碉房民居的特点

本书所述独立式民居即藏地最为普遍的藏式碉房。现在的阿里藏民大多都居住在这种房屋当中，所以将此种民居类型作为重点讨论。由于居者身份和经济条件的差距，民居建筑也有差别，差一点的住宅建筑规模小，空间低矮昏暗，装修也简陋，材料多用土坯砖或鹅卵石；好一些的则建筑规模大，平面及形体也丰富，装修华丽，建筑材料也多样，有石头、土坯砖、金属、木头等。

1. 选址原则

（1）靠近耕地但不占熟地：靠近耕地方便藏民进行农牧生产，同时便于看守、防止盗窃及牲畜损害庄稼，而且藏民视耕地如珍宝，故而民居都集中建设在耕地边缘地带，不占用有限的熟地。

（2）向阳：阿里太阳能资源丰富，为营造温暖舒适的居住环境，民居大多南向，且大多有屋顶阳光敞廊，作为晾晒和活动的空间。

（3）靠近水源：因为一般水源地附近有肥沃可耕的田地，再者民居靠近泉水、溪流或河道，可以较便捷地获取生活用水，也方便在水边洗涤衣物。

（4）藏族风水术的制约：首先忌讳宅屋之后有流水，认为犹如长矛刺房；忌讳宅屋建在两山之间，认为犹如含在阎王的獠牙里；忌讳宅屋离水太近，认为犹如戴了马嚼子；忌讳宅屋前仅有一棵树，认为犹如长了瘤子，不吉利，树多则好；忌讳宅屋前面有地下水渗出，被视为"底儿漏"[1]。最好选择建设在坡地或后面有山包的地形上，形成后高前低的形态，若前高后低，则可能造成地基下陷，且人和牲口在前面出入不方便。

（5）可见神山：房屋选址要保证在建成后房屋的屋顶上可以看见当地的神山，以便可以在屋顶煨桑祭祀山神，这是藏民族自然崇拜的一种文化特征。

2. 建筑形式

阿里藏式碉房体形方正，形状以长方或正方居多，给人以厚重稳固的感觉，且一般主体房屋外设置有院落，自成天地。阿里地区降水稀少，冬季风沙大且频繁，低矮稳固的体量能够经受强风，因此形成了《唐书》中所载的"屋皆平头"

---

1 陈立明. 西藏民居文化研究 [J]. 西藏民族学院学报（哲学社会科学版），2002（03）：8-14.

（a）普兰科迦村民居　　　　　　　　　　　（b）普兰吉让村民居

（c）札达香孜民居　　　　　　　　　（d）札达玛朗民居

（e）日土民居

图4-1　阿里藏式碉房民居外观

的房屋形式（图4-1）。此外，阿里地形崎岖，建造房屋、开拓耕地并非易事，且大部分土地开拓为农耕之用，而平屋顶恰好在空中创造了实用的空间，可以在此沐浴阳光、晾晒粮食、祭祀神灵等。藏式房顶往往有煨桑用的香炉，用来供奉自家所信奉的神灵，女墙四角还插有五色经幡，以求得天神降福，象征吉祥如意，这些建筑构件成为藏族建筑最具特色的外形元素。

　　阿里民居房屋的门窗少且小，一楼通常不设窗或窗户很小，稍有些年头、比较传统的房屋二楼窗户也不大，宽度30~40厘米，高40~50厘米，不似卫藏一带，有些民居开有较大的窗户。这除了避风沙之外，还有防盗的功能。譬如普兰县科迦村，地处尼泊尔和西藏连通的交通要道上，人多且杂，高墙小窗有防盗功能。

3. 建筑空间布局特点

（1）建筑功能分区比较明确，平面布局上注意人畜分隔，不混杂。一般底层安排牲畜圈，主人在上层居住，且牲畜有其单独的入口，不与主人入口共用。这是藏族洁净观的体现。

（2）方居室、低层高、小家具。居室平面的形状虽多样，但以方形居多，尺寸为4米×4米左右。层高一般都比较低，在1.8~2.5米之间，这是由于建筑木质构件的尺寸所限，而居住洞窟的尺寸也大约是如此，又是冥冥之中的一种古今暗合。室内的家具布置简单，有卡垫床、小方桌、床头柜、藏柜四大件，尺寸也比较小。现在新建的民居中，家具陈设会华丽一些，藏柜、方桌上雕刻有精美的花饰。

由于阿里气候寒冷，居室内大多设有火炕和炉灶，既可做饭，又可以取暖。所以有些民居中，存在卧室、厨房不分的现象。

（3）居室有冬夏之分。冬居室一般设在建筑底层或洞窟内，夏居室则安排在二楼敞亮的房间。

（4）设有经堂。雪域崇佛，阿里全民皈依，每家都在家中设有经堂。条件

图4-2　民居经堂内部

图4-3　半圆独木梯

好的家庭建有专门的佛堂，并常请喇嘛到家中念经。经堂往往安排在家里位置最好、最安静的房间，里面装修比较华丽（图4-2）。

（5）大多数民居中，设有户外活动敞廊，夏天兼做起居室，冬天则可以在此沐浴阳光取暖。敞廊皆南向，东、西、北三面用墙围护，以避风沙。

（6）旱厕。平房旱厕，一般抬高一层或半层，以下作为粪坑，位置一般在院落的一角；楼房旱厕则设在楼顶，露天，底层空间作为粪坑。

（7）上下交通。现在新的阿里民居中的楼梯与卫藏地区相差无几，多是坡度较陡的木扶梯。而阿里地区年代较久的民居仍采用一种较为传统的半圆木独木梯，其做法是将一根2.5米左右长，直径30~40厘米的圆木剖开，然后开凿梯槽，槽深约10厘米，以约30厘米高为一级，形式简单而古朴（图4-3）。

4. 建筑装饰

阿里高原的荒远、大气造就了阿里民居粗犷、大气、豪迈、遒劲的高原风格。这种风格也体现在装饰工艺和色彩上。

（1）院门。院门是宅屋与外部世界沟通的通道，阿里民居的外墙一般不做装饰，但是院门相对来讲装饰华丽，有些比较新的民居院门两侧有层叠而起的斗栱。

图4-4 院门装饰

因为院门在藏族民居的构成元素中有非比寻常的象征意义，故院门处常常有垒成阶梯状的门头，高出院墙1米左右，门头上面放置白石、羊头或者牦牛头，以起到辟邪的作用。门楣的神龛内还供奉神像或玛尼石。门洞上方用小椽挑出一到两层（图4-4）。有些家庭还在门板上绘制日月、雍仲等图案。总体上来讲，阿里民居的门脸不如卫藏地区的民居装饰得华丽，形式较为简易古朴。

（2）外墙。阿里民居的外墙色彩是白色或者不刷色。不刷色的墙面将砌筑的粗犷的石材、土坯砖等材质的原色暴露在外；刷白墙面的白色乃是利用当地的白土加水粉刷而成（图4-5），由于面层较薄，底层的砖石等材质肌理往往透晰出来，砌筑材料的质感很强。抹灰使用托灰板及木模子，有些直接用手抹，抹平后伸开五指在墙面划出弧形花纹，这种弧形向上凸，能够使雨水顺势向下流去，对墙体有保护作用[1]。这种"质感＋色彩＋施工工艺"的建筑外墙

图4-5　普兰科迦村民居外墙粉刷

装饰手法体现了阿里高原人民彪悍、豪爽、不拘小节的性格特征。

（3）居室内部。内部空间的装饰较外部讲究。内墙粉刷一般用2/3黄土加1/3的中砂搅拌均匀后直接用手掌去抹，底墙泥浆要掺少量稻草或青稞草，以防干裂；待底层基本干固后抹表层，同样也是用手掌粉刷，看起来整体上平整即可。过去的民居，除了经堂会绘制彩画外，其余房间由于烧火做饭熏得很黑，逢年过节时会在黑色的墙面和梁柱上用面粉点画吉祥图案。黑底白画，对比强烈，有质朴的美感，这是在经济条件较差时因陋就简的一种做法。而现在的普通民居，也

（a）普兰科迦村民居

（b）札达古格民居

图4-6　室内彩画

---

1 丁昶,刘加平.藏族建筑色彩体系特征分析[J].西安建筑科技大学学报(自然科学版),2009(03):84–88.

会在墙面顶部画彩带飞帘，这是模仿"香布"的做法，墙面上涂一层底色，民间一般用淡绿、淡红等色彩；经堂会在墙面上部绘制"四和庆""六长寿"及"藏八宝"的组合图，墙面下段离地面90厘米的地方画三条彩带，象征彩虹，以下则涂抹深色作为墙裙，梁柱等木构件更是装饰的重点，一般绘制彩云花卉、龙凤飞翔等象征吉祥如意的题材[1]（图4-6）。

5. 建房习俗与禁忌

在阿里，建造新居对于任何一个家庭都是一件非常重要的大事，从房屋基址的选择到新居落成搬迁，中间的每一个环节都备受重视。建房过程中大概有六个环节：基址选择、奠基、立柱、封顶、竣工和迁入新居。

基址选择时要请喇嘛占卜确定宅屋的最佳朝向和开工时间，藏语称此仪式为"萨都"或"土达序"。房屋的朝向甚为讲究，门一般不能朝北，不能面对山坳，也不能面对天葬台，窗口则忌讳朝向独树、洞穴、山崖。

基址选择完毕，按照喇嘛先前选择的良辰吉日举行藏语名为"萨各多洛"的破土仪式，有些地方把奠基和破土仪式合二为一。当天还要请喇嘛在现场诵经、做法事。在基址处摆放"五谷斗"，放置祭品、煨桑烟，向土地神和龙神请示将此基址赎为己用，并祈求人畜安康、风调雨顺。开挖时头一锹土必须要属相相合之人操作，若家中无此人，可让一父母健在、家境富裕的小男孩代为操作，然后家人在地基的四角象征性挖土。

开工仪式称"粗顿"，主人要向请来的工匠和前来帮忙的乡邻们献哈达、敬青稞酒，并且要在地基不远处插一根叉形木棍，挂上经幡，这个做法是为了阻止赞扬和羡慕之词，以确保房屋的稳固和家庭的幸福。有些大型的宅院还要请喇嘛前来主持，在地基四角埋宝瓶，宝瓶内装青稞、小麦等五谷，埋宝瓶也是为了使宅屋稳固。

上梁立柱仪式藏语称"帕顿"。立柱当天，请乡邻亲戚参加仪式，立柱前，将一个盛有茶叶、小麦、青稞等粮食和若干珠宝的小袋放置在立柱的石头下，立柱和横梁交接处压放五色彩布，横梁上会放一些麦粒，这些行为亦是为了求得房屋永固，吉祥如意。立柱放好后，在上面挂上哈达。事毕，要准备丰盛的饭菜犒劳工匠，并付给一定的酬劳。

---

1 木雅·曲吉建才. 西藏民居 [M]. 北京：中国建筑工业出版社，2009.

封顶仪式称"拖羌"，有时与竣工仪式一道举行。房屋将竣工时，要留出一小块屋顶先不填土，以备举行封顶。要请亲朋好友来此象征性地填土，表示参加了房屋的建造。来客要带茶和酒等礼物，向主人献哈达，祝贺新居落成。当日主人要准备酒菜，宴请各位来宾，并向工匠师傅敬"三口一杯"酒，敬献哈达。

乔迁之日要请喇嘛卜算选择吉日，乔迁仪式称"康苏"。搬家之前主人要带一袋牛粪，一桶水，一个装有茶、盐、碱等物的舂钵和一张大成就者汤东杰布像去新居，还要将"五谷斗"先搬过去，这些物品都要挂上哈达，象征吉祥，之后才正式搬迁家具等物品，搬完之后要尽快举行祭祀灶神的仪式，由家中长者给火灶敬献哈达，即将哈达系在火炉、水缸上，还要给佛像敬献哈达[1]。

6. 生活格局

在原始社会茹毛饮血的年代，火的出现无疑是促进人类进步的重要因素，而最初火的获取只能依靠大自然的恩赐，一经点燃，便要竭力庇护，为避免其被风雨熄灭，就需要做遮蔽保护的措施，这种行为促进了建筑的出现——墙壁与屋顶共同围合的空间。因此，原始住宅的原型是围绕着火而产生的，它既是家庭的中心，也是社会组织的起源[2]。

阿里冬季寒冷，火炉除了烧饭烹饪的作用外，很大程度还有取暖的作用。笔者在古格王国遗址调研时发现，在一些居住洞窟内，窟顶的烟炱痕和排烟道的位置，都是火塘居中格局的有利证明，这也揭示早在数百年前的阿里藏人就存在着"围火而居"的生活习惯。在今天的阿里民居中，仍保留着这种"围火而居"的生活格局。中间布置炉灶和小桌，四周布置卡垫床、藏柜等，形成高度集约化的空间（图

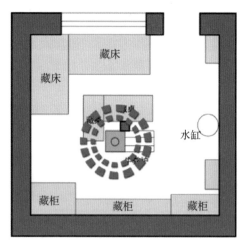

图4-7 "围火而居"的生活格局

4-7）。不同于汉地的厨房只是辅助房间，藏族的厨房乃是重要的房间，吃饭、会客、

---

1 陈立明. 西藏民居文化研究[J]. 西藏民族学院学报（哲学社会科学版），2002（03）：8-14.
2 何泉. 藏族民居建筑文化研究[D]. 西安：西安建筑科技大学，2009.

休息等行为都在这一空间进行，因为这里的炉火提供了良好的热舒适性，所以，厨房兼具起居室和卧室的多重功能，占据着好的朝向，面积大，可容多人就座。

"围火而居"的生活方式从远古洪荒时代延续至今，经历了漫长的岁月洗礼，不仅仅是对能源的高度节约利用，现今已潜移默化成藏族生活传统的一部分。客厅是家庭富裕的象征，也是接待重要客人的礼仪性场所。作为传统生活的延续，厨房仍是家庭中具备实质意义的最为重要的空间，是家庭自身起居和亲朋好友聚会的场所，较之客厅的正式性和礼仪感，厨房空间因舒适的温度和团团围坐的温暖气氛使藏民们倍感亲近并乐在其中，是他们最喜欢也最习惯的休憩空间。

7. 设计原则

（1）平面设计：阿里藏式民居以柱网结构的形式布置平面，开间与进深基本相等，有些进深小于开间。高原气候寒冷，短进深有利于阳光的射入，这和内地居室长进深有很大差别。

平面设计以"柱间"为单位，一柱间即仅有一根柱子的居室。柱距一般2~2.5米左右。梁跨和檩跨均是一柱间以上的尺寸，这样一柱间就自然形成了方形平面。方形平面的形成还与藏族生活、居住习惯有关。藏民的起居和用餐一般在一室，一切生活都以房屋中间的火灶为中心，用餐时亦是全家老小围坐一起吃饭聊天，最适合这种生活方式的平面形式便是方形。家具陈设也是方形平面形成的影响因素之一，按照传统的布置习惯，卡垫床顺南墙L形布置，有时布置三、四个床不等，方桌或一对条形桌顺床前L形摆放,这种程式化的布局也就形成了方形居室平面。另外，由于木材构件的运输常常依靠人力或畜力（这种运输方式在古格遗址、布达拉宫、萨迦寺的壁画中均有反映），2米左右的构件比较方便运输，故柱、梁、檩条皆是2米左右，这样自然形成了方形平面[1]。

（2）立面设计：阿里民居与卫藏地区民居的立面大同小异。墙体厚且有收分，给人以厚实、坚固、稳重的感觉，这与高原气候寒冷、风大的自然环境是分不开的，另外高原多山，巍然屹立的山体赋予藏民族豪放的性格，建筑便如模仿山体一样稳固矗立。阿里民居立面多开狭小的门窗，这样能够保持室内的温度。另外，因为阿里曾经经历战乱频发，坚固的墙体和狭小的门窗具备优良的防卫性。这种特质在阿里的多处遗址都有体现，而民居也承袭了这一特点。

---

1 木雅·曲吉建才. 西藏民居[M]. 北京：中国建筑工业出版社，2009.

（3）层高设计：阿里民居一般采用较低的层高。根本原因是尽量降低层高以聚集室内热量来，保持室温。另外作为房屋结构的木材在阿里地区比较缺少，要从很远的林区运来，木柱等构件长度为了方便运输会加工成 2 米左右，柱子高度自然决定了建筑高度。再者藏式家具如茶几、方桌、藏柜等都比较矮小，层高过高反而不适，低层高的房间会让居住者和客人倍感亲切、舒适和温暖。

8. 材料与构造

阿里地势复杂，山水阻隔，交通颇不便利，木材等本地极为缺乏的材料，只能从外地运输进来。由于交通条件差，只能依靠人力和畜力搬运，代价昂贵。所以除了宗教建筑体量大、用材大、装饰华丽以外，普通民居的建造都本着就地取材的原则。如阿里常见的洞窟建筑，依山凿穴形成，藏式碉房使用当地生土夯实或制作土坯砖砌筑，且很少对材料进行细致的加工。建筑外墙面常常保持原材料的质感，建筑外观与自然景观浑然天成、融为一体，仿佛从土里生长出来一样，形成了粗犷质朴的风格气质，而这种气质正是藏民族所特有的。

（1）基础：与汉地建房无异，开挖基槽的宽度要略比墙体宽，深度则由基地的土质和地下水深度所决定，一般对于土质坚硬、含水量少的地基，二层房屋的基础大约 1 米左右即可。基槽挖好后，要先把基底夯实，铺一层粒径较大的石块坐底，还要用碎石填缝，再用泥浆塞实；接着砌上层的石块，同样用碎石、泥浆填缝塞实，砌至高出地面两皮石块后即可；在基础之间回填土，夯实至与基础等高即是室内地坪。基础之上可以砌土坯砖墙或石块墙，也可以做夯土墙。

（2）墙体：札达、普兰一带土林丰富，生土成为民居使用最为广泛的材料。生土做成的夯土墙或土坯砖墙，保温隔热效果好，同时又经济节约。土坯的制作是以一定比例将水、土、砂石混合成浆状，灌入木模内后再脱模、风干即成。砌筑时以泥浆黏合，方式与汉地砌砖墙一致，一顺一丁，上下错缝搭接。墙脚用石块砌筑，一般有一两皮高，这是为了防潮。有些建筑窗台以下的墙体均用石块砌筑，以上才用土坯砖（图 4-8）。

图 4-8 民居墙体用土砌砖

图 4-9 夯土墙施工

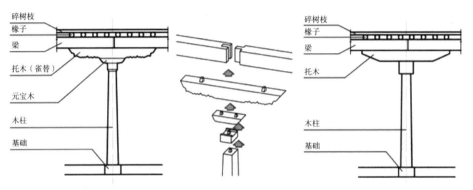

图 4-10 民居柱式

夯土墙所用的黏土不能太干，要含有一定的水分才能具备强的黏合度；又不能太过湿，含水量大的话不好成型，同时要加入一定的砂石以增加墙体的整体强度。施工时先用夹具固定夹板，中间填土。为了将土夯实从而提高墙体的强度，每板要分几层夯筑，并用特制的夯杵夯实（图 4-9）。夹板一般高 40~50 厘米，长 180~220 厘米，所以夯土墙体是自下而上依靠夹板、夹具的重复利用完成夯筑的。在墙体转角的地方，上下两板土要交错夯筑，形成相互咬合搭接的样式，类似于现在砌墙的方式，亦是为了增强墙体的整体性和强度。有时会在两个板层之间干铺一层小石块，避免夯土在逐渐干燥过程中由于土体膨胀而出现裂痕。因为制作工艺复杂且工期长，现在的阿里民居，夯土墙已不常见。

（3）木构架：阿里民居中的居室一般比较小，为一柱间或两柱间。木构架类似于现代房屋的梁柱体系，由柱子、梁、椽子组成承托屋面和楼面，柱子有方有圆，方的截面边长在 20 厘米左右，圆的截面直径亦约 20 厘米，主要由柱础、柱身、柱头栌斗及上面的托木四部分组成（图 4-10）。

图 4-11　梁架与托木

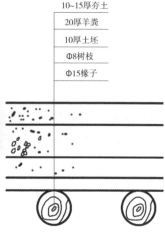

10~15厚夯土

20厚羊粪

10厚土坯

Φ8树枝

Φ15椽子

图 4-12　屋面构造

　　托木的功能相当于汉地传统建筑中的室内斗栱，是重要的承托构件，其本身与雀替的外形和功用也比较近似，所以也可称之为雀替。因形状似"弓"，藏语称之为"修"。托木位于柱子和梁之间，起到了放大受力面和保护梁体的作用，是搭接结构节点上必不可少的构件，可以将其做成优美的形状，也可以在上面施以雕刻或者彩绘当做装饰的载体（图 4-11）。复杂的柱子上用两层托木，下层托木两端做曲面，外形如一元宝，俗称"元宝木"，上层托木长度约为元宝木的三至四倍，其宽度大于柱头和梁枋，两端做曲面结束。简单者仅用一层托木，形状为简单的长方形且不加修饰。梁、大小弓木、栌斗、柱构件之间的连接是用下层暗销插入上层凹眼的方式。梁在托木上方平接或凹凸榫接，另一头或直接搭在墙上，或搭在墙体上方的垫木上，搭接长度至少应是墙体厚度的 1/2。

　　（4）屋面：屋面在构造上自下而上为承重层、垫层、面层（图 4-12）。梁上放置檩条，截面或方或圆。方木檩条断面约 15 厘米 ×25 厘米，圆木檩条直径约为 16 厘米，檩距都在 50 厘米左右。木檩条上面密铺碎木片或直径 8 厘米左右的树枝条；稍微高级的建筑直接铺木板。再往上平铺土坯一层，厚 10~12 厘米左右，土坯上面再铺 20 厘米厚的羊粪保温层。面层则是 10~15 厘米厚的压实土层，这种土是一种防水土，藏语中称"托萨"。楼面的做法，除去保温层之外，与屋面构造大同小异（图 4-13）。

　　（5）门窗与檐口：门窗往往是民居装饰的重点。窗上缘挑小木椽，上面再

放木板，木板之上放置刺草，做成小挑
檐并涂赭红色。窗的周围有黑色窗套，
却不似西藏其他地区为梯形，而是为向
上的牛角状，据说用来象征牛神，同时
有驱鬼辟邪之功效。门的做法与窗无异。
阿里民居均为土坯墙，平屋面，檐口做
较矮的女儿墙。墙面挑木椽，上面整齐
堆放厚度不等的刺草，再用卵石压顶。
刺草虽摆放整齐，但比较疏松，这样就
起到了减弱、分散风力的作用，另外松
散的刺草没有着力点，想翻越墙体而不
被发现是不可能的，也起到了防盗的作
用。黑色刺草在白色墙面的衬托之下，
檐口轮廓线明显而挺拔，别有特色（图
4-14）。

图 4-13　民居屋面或楼面做法

9. 生态效应

（1）就坡建房：阿里村落选址一般依山傍水，民居聚落常常呈现自上而下
的态势，故而民居也时常沿坡地建设。民居聚落建设一般采用"退台式"的布置

图 4-14　檐口构造

方式，首先将坡地从下至上平整出梯田状的层层台地，然后在台地上建造民居。这种集中布局和垂直建造的形式，基本保持了原有坡地的形状，减少了建设时的土方量，最大程度地降低了建设活动对当地环境的破坏，同时也节约了宝贵的耕地，体现了对自然环境的尊重（图 4-15）。

（2）封闭院落：由于民居建筑的选址地形起伏，所以阿里民居的院落形状往往根据地形进行布局，灵活多变。封闭院落减少了风沙的侵入，同时丰富了空间层次。藏族人民喜爱植物，多在院内种植花草树木，创造了宜人的小气候。笔者在普兰科迦村的一户民居中，还看到在院落中种菜的现象，这样既修身养性，又经济节约（图 4-16）。

（3）屋顶平台：阿里藏族碉房"屋皆平顶"，形成了可供利用的屋顶平台，退台式的布局又形成日光敞廊，这样就丰富了建筑的使用功能和空间层次。民居的底层多是牲畜圈和储物间，它的屋顶除是上层交通和活动场地外，还有晾晒作物的用途以及煨桑祭祀的功能。向天空争取使用面积的形式，使一些生活和生产活动有了特定的空间，而不必再在平地上开拓上地，这也是节地的一种方式。

（4）方室横厅：从建筑节能的角度来看，阿里民居建筑的体块方正而简单，体形系数较小，"体形系数是建筑物与室外大气接触的外表面积与其所包围体积的比值，其公式为 $S=F_0/V_0$，它反映了一栋建筑体形的复杂程度和围护结构散热面积的多少，体形系数越大，则体形越复杂，其围护结构散热面积就越大，建筑物围护结构传热耗热量就越大。"墙体厚重，窗户少且小，可以减少了建筑内部的热损耗。由于建筑构件的尺寸限制，阿里民居形成了方形居室的空间，这是用

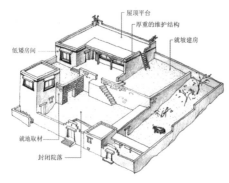

图 4-15　民居的生态效应

图 4-16　院落中的菜园

最少围护结构获取最大使用面积的平面形式，同时也是外墙散热面积最小的平面形式。两、三柱间的横厅开间大于进深，有利于阳光的射入，使整个厅的各个角落布满阳光，从而维持室内温度。

（5）低矮层高：阿里民居层高一般在1.8~2.5米之间，低层高由柱子尺寸所限，但有助于减少建筑外围护面积，利于保温，使房间内部能利用较少的热量获得较好的热舒适环境。另外，低层高降低了建筑的总体高度，有助于建筑的防风。

（6）厚重的围护结构：阿里地区的藏族碉房可以看做是简单的被动式太阳房。阿里地区的气温日较差大，"一年无四季，一日见四季"，冬季的白天通过窗户、日光敞廊等接受热量，厚重的墙体和屋面具有良好的蓄热功能，能够吸收多余的太阳辐射，避免白天过热，夜晚气温较低则可放热供暖，很好地适应了高原昼夜温差大对室内环境的影响。

（7）就地取材：阿里札达一带木材和石材均十分匮乏，但遍布土林，故而当地分布着大量的洞窟民居，生土还为制作土坯砖提供了原始材料（图4-17）。地方材料的使用免去了运输过程所耗费的人工和能源，低技术和互助换工式的营建过程也有助于地方工艺的传承和保护。在藏族建房过程，有回收旧材的习惯，如木柱、梁、托木等构件往往重复使用，这样就达到了资源节约的目的。

图4-17　加工土坯砖

10. 实例

实例13：这是普兰那叶村一民居。建筑为一东西宽6.9米、南北长13米的长方形。入口位于建筑东北部，入口门厅有半圆独木梯直通二层。建筑底层南端是冬天的起居室和卧室，北端是牛圈和粪坑。局部二层仅有2.8米×4米夏天居室一间。居室之南，为夏天户外活动和冬季晒太阳的三间南向敞廊，屋顶东北角有露天的厕所蹲坑（图4-18）。

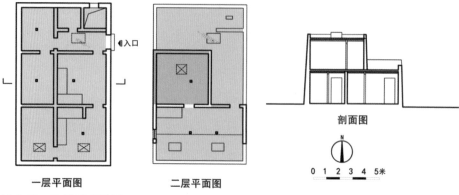

一层平面图　　　二层平面图　　　剖面图

图 4-18　实例 13 测绘图

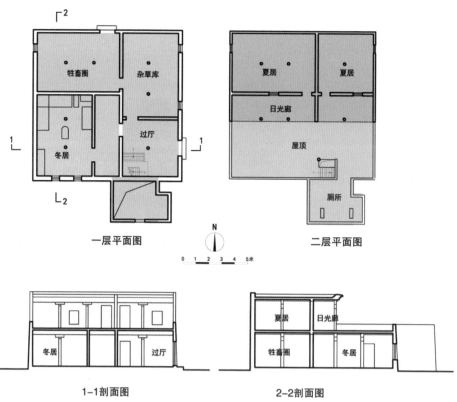

一层平面图　　　　　　　二层平面图

1-1剖面图　　　　　　　2-2剖面图

图 4-19　实例 14 测绘图

实例14：这是托林镇一民居。建筑平面为方形，东西长约11.6米，南北宽11.35米，局部二层，呈退台状布局。人畜流线清晰互不干扰：人行入口在东侧，牲畜入口位于北侧。底层北部有牛圈和草料库房，西南部为冬天居所，为一6.2米×4.3米的长方形，卡垫床沿墙布置，呈"门"字形，室内中间放炉灶做饭和取暖。二层有夏天居室两间，一大一小，居室前均带日光敞廊。旱厕附加在建筑的南侧，为一"L"形（图4-19）。

第二节 阿里碉房民居与西藏其他地区民居的比较

1. 西藏其他地区的民居

（1）拉萨地区的民居

拉萨是西藏自治区的首府，位于自治区的中心，是整个藏区膜拜的"圣城"，有"日光城"的美誉。气候属于高原温带半干旱季风气候，平均海拔3 650米，年日照3 000小时，干雨季节分明，太阳辐射强，空气稀薄，气温偏低，昼夜温差较大，冬季寒冷干燥且多风。

拉萨地区的农村民居一般为一层或两层的藏式碉房，往往坐北朝南，平面形式以长方形为主。拉萨民居小面积、低层高、小尺度的住宅体系与木材资源的缺乏不无关系。拉萨民居一般由一个或多个院落组织空间关系，厕所多在院落的一角设置，与建筑主体分开。内院有回廊联系各个房间，楼梯亦布置在此。主要房间采用落地大窗的形式，以便采光（图4-20）。

（2）山南地区的民居

山南地区位于西藏南部，雅砻河谷为藏族的发源地。西边与日喀则地区接壤。平均海拔3 700米左右，雪山冰川众多，河流纵横，属温带干旱气候，年降水量200~500毫米，年平均气温7.4~8.9℃，夏季短而凉爽，冬季则漫长干燥，干湿季节分明，昼夜温差大。按生产方式分为农区和半农半牧区。该地以有西藏第一座藏传佛教寺院——桑耶寺而闻名。民居建筑与日喀则地区的比较相似。

山南地区属于藏南谷地，地势较为平坦，村落民居沿河流分布。民居建筑材料为土、木、石，墙体形式有石墙、夯土墙、土坯墙。山南民居一般以两层居多，也有单层。功能空间安排与西藏大部分地区一致，一层为牲畜圈和仓储用房，人居住在二层，并安排佛堂。山南地区民居既综合了其他地区的建筑特色，又有当

（a）外观

（b）内院

图4-20　拉萨德吉康萨

（a）外观

（b）室内

图4-21　山南泽当民居

地的地域特色（图4-21）。

（3）日喀则地区的民居

日喀则地区位于西藏自治区南部，地处喜马拉雅山北麓，雅鲁藏布江南岸，气候温和，土壤肥沃，是西藏七区中人口最多的一个。气候属高原山地气候，日光充足，冬无严寒，夏无酷暑，年平均气温6.3℃。年平均降水

（c）院落

量约为420毫米，蒸发量大，7月、8月为降水最充沛的季节。日喀则地区农业发达，是西藏农区建筑分布最为广泛的地区。该地的扎什伦布寺是后藏最大的寺庙，亦是班禅大师的驻锡地，故而民众大多信奉藏传佛教，亦有小部分信奉苯教，比如南木林县。

日喀则地区位于藏南平地，处于年楚河与雅鲁藏布江中游汇合处的冲积平原地区，村落位于河谷地带和山坡上，大多为聚集型，耕地与建筑相间布置。日喀则农区民居屋顶以平屋顶为主，平面多为"回"字形，院墙与主体建筑的女儿墙等高（图4-22）。窗套与拉萨地区不同，多用"牛脸"

（a）鸟瞰

（b）入口

（c）外墙粉刷

图4-22　日喀则夏鲁村民居

样式。空间布置亦是一层布置牲畜圈，二层住人和布置经堂，中间庭院作为交通联系的枢纽，楼梯也布置在此。该地萨迦县的外墙装饰独特，以红、白、蓝三色相间涂墙，具有浓厚的地方特色（图4-23）。南部有小片林区，建筑与林芝地区较为相似。

（4）林芝地区的民居

林芝位于西藏东南部，是西藏主要的原始森林分布区，野生动植物资源丰富。平均海拔3 100米，气候湿润多雨，年降水量约650毫米，平均气温8.7℃。生产方式主要是农林结合。宗教有藏传佛教和苯教，南部分布的珞巴族和僜人有自然

（a）鸟瞰 　　　　　　　　　　　　　　　　　　　（b）入口

图4-23　日喀则萨迦民居

崇拜的习惯。林芝地区木材资源丰富，雨量也大，故而民居形式多为木屋架坡屋顶。

林芝地区主要位于雅鲁藏布江下游的尼洋河流域，故而村落多是沿河分布。林芝民居是西藏林业发达地区的典型，建筑多为坡顶楼房，墙体有夯土墙和木板墙两种，平面为长方形，建筑门窗均为木质，装饰比较华丽（图4-24）。部分房屋底层架空，以通风防潮，二层有外廊，坡顶有歇山、单

（a）旧民居

（b）新民居 　　　　　　　　　　　　　　　　　（c）彩绘

图4-24　林芝民居

坡和双破，并且屋顶下设通风层。夯土民居基础高 300 厘米左右，用毛石砌筑，以上为夯土墙，厚约 0.6 米。山面屋顶处不满砌，用垛子支撑屋顶，留下通风空间。木板房则主要在林区建造，比较古老，底层木柱架空 2 米多，作为牲畜圈；二层人居，无柱，木板墙。

（5）那曲地区的民居

那曲位于西藏自治区北部，下辖 11 县 1 区，平均海拔在 4 500 米以上，含氧量少，限制了农业的发展，所以均属于牧区，并且人口密度较小。该地属典型的亚寒带气候，寒冷干燥，昼夜温差大，大风天气多，年平均气温在零度以下，年降水量在 100~200 毫米之间，年日照约为 2 870 小时。那曲地区大多数人信奉藏传佛教，东部三县有部分人信奉苯教，相信万物有灵。

那曲地区中西部为辽阔草原，民居大多为游牧民族的帐篷和简易房屋，呈散点状分布；东部高山峡谷，有聚集型的村落。固定的民居建筑所用材料与西藏各地一致，大多为土木结合，为土墙结合梁柱的承重体系，室内分隔均采用夯土墙（图 4-25）。由于受到建材资源、交通条件和自然环境的约束，那曲固定的民居多用黄土土坯为建筑材料，很少有纯石材的建筑。普遍为单层，层高不高，门窗也相对小一些，以适应草原寒冷的气候。外墙保持黄土原色，内部也很少进行装饰，显得简约粗犷（图 4-26）。

（a）鸟瞰

（b）外观

（c）墙体

图 4-25　那曲县江达民居

（a）外观　　　　　　　　　　　　　　　（b）室内

图 4-26　那曲县寺庙僧人住宅

（6）昌都地区的民居

昌都地区有"藏东明珠"的美誉，地处西藏东部，平均海拔在 3 500 米以上。气候属于温带半干旱季风气候，日温差较大，年温差小。昌都各地年平均气温在 2.4~12.6℃之间，年降水量约 477 毫米，蒸发量大，相对湿度小。生产方式属农

（a）鸟瞰　　　　　　　　　　　　　　　（b）外观

（c）屋顶　　　　　　　　　　　　　　　（d）室内

图 4-27　昌都贡觉雄松民居

林结合，还有少量的半农半牧区域。昌都地区与云南、四川接壤，民族种类多，宗教文化也比较杂，主要有苯教、藏传佛教、伊斯兰教和天主教。

昌都地区域内有横断山、芒康山、他念他翁山，另外又有金沙江、澜沧江、怒江从中流过，故而域内多高山峡谷。村落都分布在河谷地带的河谷或山坡上，有集聚分布和散点分布。民居建筑材料有土、石、木三种，石墙多为页岩和卵石，土墙多为夯土墙。昌都地区民居建筑风格与卫藏一带有较大差别，多为二到三层，也有四层，极少有单层的。主体均为夯土墙，民居观之比较厚重、敦实，柱网布置不规整，柱距设置也比较随意。昌都民居底层为牲畜圈和储藏，二层为家庭生产和起居的场所，三层则是经堂和客房。屋顶檐口挑出较大，开窗也大，且窗格有精美装饰（图 4-27）。

2. 阿里碉房民居与其他藏区民居比较

以上根据西藏自治区的行政区划对六个地区的民居建筑做了简要的分析，从分析中可以看出，西藏民居虽然因地理位置和人文背景的差异而各具特色，但总体上有以下的共同特点：

（1）外形简朴而粗犷。不管墙体是石材、土坯砖抑或是夯土墙，都将材料的天然颜色、质感暴露于外，外墙有着色或不着色两种方式，但即使着色也是用白土和水制成稀涂料，往往能透过涂料看到砌筑材料的质感和色彩，着色工艺也极为古朴，多用手直接涂抹。

（2）结构形式和建造技术相似。大体都用石、木和土三种材料建造，承重方式都是外墙与内部柱梁结构共同承重。

（3）遵循就地取材的原则。在经济条件落后的年代，建筑材料的运输极为不便，且西藏本身可利用的自然资源不甚丰富，所以遵循就地取材的建房原则，既节约了成本，同时像生土这样廉价的材料也创造了舒适宜人的居住空间，是可持续发展原则的体现。

（4）经堂的设置。西藏全民信教，居民家都会专门设置佛堂，条件再不堪，也会设置佛龛。佛堂往往设置在家中最好的房间，并且装饰最为华丽。

阿里民居（以普兰、札达为例）因地理环境和人文背景的不同，与其余地区存在差异（表 4-1）。

表 4-1　阿里碉房民居和西藏其他地区民居比较

项目	西藏其他地区的民居	阿里碉房民居（普兰、札达两县）
自然环境	藏东高山峡谷：昌都、林芝；藏南平地：拉萨、日喀则和山南地区；藏北高原：那曲和阿里北部地区	喜马拉雅与冈底斯山之间的小型河谷平原及盆地
宗教信仰	藏传佛教为主，小部分信奉苯教	是苯教的发源地，佛教后弘期上路弘法的起点
生产方式	藏北有纯牧区，余地有农区、农牧结合，也有林业为主的林区	主要生产方式为农牧结合
聚落特征	牧区由于游牧的性质主要是散点式布局，农区和半农半牧多位于河谷和山腰上，有集聚型和散点型的布局方式	多沿象泉河和孔雀河及其支流的两岸呈集聚的组团型分布
墙体材料	有夯土墙、土坯墙、石墙。林区有木板墙和井干式的房屋	大多是夯土墙和土坯砖墙
屋面材料	平屋顶的材料主要是阿嘎和黄土（黏土）屋面，林区坡屋顶有木板、彩钢板、石板等	采用黄土屋面，构造与余地平屋顶类似，自上而下为黄土、碎树枝、方形或圆形密肋、梁
结构体系	主要由梁、柱、檩条和内外墙体共同承重，也有墙体不承重的结构	墙体承重为主，梁柱承重为辅，与多数的藏式碉房一致
平面设计	开间大于进深，以"柱间"为计量单位，一柱间为方形，柱距和梁跨均为 2 米左右，昌都地区柱距自由。卫藏地区多有内庭院，平面多样，有方形、长方形、L 形、回字形等，楼梯布置在内庭，与回廊相接。除昌都地区，其余多为一层或两层，下层为牲畜圈、储藏，二层为人居和经堂	常见为两层藏式碉房，平面形式较简单，一般为方形或长方形，少变化。有外部院落，无内庭。楼梯设于建筑主体内部。功能空间布置与余地一致
立面设计	藏式碉房普遍有防御型特点。卫藏地区南向开有大窗，牧区简易土坯房则少开窗且小。窗套多为黑色梯形，日喀则地区为"牛脸"形	由于风沙大和地理关系的原因，该地民居底层一般不开窗或开窗少，二层窗户也较之卫藏小且窗户高。窗套样式为"牛角"形
层高设计	层高较低，牧区简易房屋更低，这是为了保持室温，抵御寒冷	层高较卫藏地区稍低，都是缺乏木材的地区，受到木质构件尺寸的限制
厕所形式	拉萨农居多位于院落一角单独布置，日喀则则多加在房屋主体侧面，也有位于主体的某一房间。余地以上方式皆有	大多在房屋主体内部的某一房间，新民居则有布置在院落一角的
外墙装饰	常以白、灰等颜色涂墙，也有原色不加修饰，仅以"祖日"图案装饰。墙面大多绘制雍仲、日月、蝎子等辟邪求吉的图案	白色墙面，绘制雍仲、日月等图案

（表格来源：根据调研情况、《阿里地区文物志》等资料绘制）

第五章　阿里洞窟寺庙及其他洞窟建筑

第一节　洞窟类寺庙

第二节　其他洞窟建筑

阿里地区分布着数量众多的宗教建筑，从早期的苯教修行洞窟，到藏传佛教寺庙，历史久远、形式多样。

藏传佛教在西藏社会中占有非常重要的地位，长久以来，它渗透在西藏社会的各个领域，与人们的生活密切相关，凡是居民聚居的地方都会有佛教类建筑出现。在札达和普兰县境内的洞窟建筑中也有一类洞窟寺庙，洞窟寺庙是向土体内部掏挖而形成空间，并在室内绘制佛教壁画，设置供台或供置塑像等的洞窟建筑。洞窟寺庙以其独特的建筑风格和室内留存的相当精美的壁画，成为非常具有代表性的一类洞窟建筑。

札达和普兰县境内有不少处洞窟寺庙，它们与其他寺庙建筑并存，成为当地人进行宗教活动的主要场所。洞窟佛殿不仅有纯洞窟形式，也有洞窟与房屋建筑结合的形式，它与房屋类寺庙的用途一样，是人们礼佛的场所，洞内通常绘满精美的壁画。

佛殿是佛教寺院中最主要的建筑，是人们礼佛的场所，洞窟佛殿在札达和普兰县境内出现较多，尤其是札达县境内的象泉河流域一带的洞窟佛殿出现最多，而且洞内壁画非常精美。普兰和札达县一带是藏族本地原始宗教苯教的发源地，也是藏传佛教后宏期的重要传播区，当地佛教建筑受西方印度的影响极大，而且当地地理气候独特，这样的背景下产生的洞窟佛殿与藏族其他地区的佛殿有着极大的不同，显示出明显的地方特色。

笔者调研了 15 处有代表性的洞窟佛殿（表 5-1）。

第一节　洞窟类寺庙

1. 苯教修行洞

许多苯教典籍记载的大师修炼道场都在山洞或郊野地方。据说，西藏历史最早的修行洞——雍仲仁钦洞，距今有约 2 000 多年的历史了，是雍仲苯教的心教大师——詹巴南夸的修行洞，即朵桑·坦贝坚赞提到的"詹巴南夸的修炼地"。

该洞位于今噶尔县门土乡境内，洞穴紧邻象泉河及曲那河，环境幽静，距离冈底斯山西面约 60 公里，与朵桑·坦贝坚赞在《世界地理概说》中记载的"……在冈底斯山西面一天的路程之外，那有詹巴南夸的修炼地隆银城……"相符，并且在距离修行洞东约 2 公里处便分布着穹隆卡尔东遗址。可见，这里很可能便是

表5-1 札达、普兰县境内洞窟佛殿归纳

编号	所在地	周边其他建筑	建筑形式	门洞朝向	平面形状	室内尺寸 面阔×进深×净高（米）	屋顶形状	室内装饰	壁画	佛龛/供台/塑像
1#	香孜乡境内，距江当村北约5公里的桑丹达吉林山沟，距沟口约0.5公里的山梁上	江当村东面山体上集聚了百余座洞窟民居	单室窟洞	朝南偏东	不规则形	7.4×7.0×2.0	不详	四壁涂抹一层厚5厘米的灰泥层	四壁满绘壁画	无
2#	行政区所在地北面山脊上，位于强巴佛殿殿后部	周围有700余座洞窟民居，数座佛殿，碉堡及防卫墙遗迹	单室窟洞	不详	长方形	5.2×7.5×2.4	不详	内层涂抹灰泥层	四壁满绘壁画	无
3#	东嘎乡境内，东嘎北面的弓形断崖上，崖壁东侧	周围山体上分布数百座洞窟民居，山脚下有房屋寺庙类专庙建筑和塔体	单室窟洞	朝南偏西	方形	7.3×7.3×4.3	外方内圆，中央为四壁递收的圆形藻井	四壁及洞顶涂抹较厚的灰泥层	四壁、佛龛及洞顶满绘壁画	北、东、西壁上佛龛内贡置佛像，地面中部有佛塔2座
4#	东嘎乡境内，东嘎北面的弓形断崖上，距3号洞西侧10米处	同上	单室窟洞	朝南	近似方形	6.6×6.5×4.3	斗四套斗藻井	四壁及洞顶涂抹较厚的灰泥层	四壁及洞顶满绘壁画	四壁底部只设供台，无佛龛、无塑像
5#	东嘎乡境内，东嘎北面的弓形断崖上，崖壁西侧	同上	单室窟洞	朝东偏南	梯形	3.2×4.0×2.9	中央部位向上隆起的穹顶	四壁及洞顶涂抹较厚的灰泥层	四壁及洞顶满绘壁画	无
6#	东嘎乡境内，皮央村西面西面山体上，皮央村房屋殿堂（集会殿）西侧	周围山体遍布数千座洞窟民居，山顶平地有寺庙建筑遗址，山坡上有佛塔	窟房结合，洞前平地，上为前殿房屋遗址	朝南	近似方形	4.2×4.3×4.4	顶面略呈弧形	四壁及洞顶涂抹较厚的灰泥层	四壁满绘壁画	北壁有"凸"字形供台，原供护法佛像
7#	东嘎乡境内，皮央村西面的山体上	同上	单室窟洞	朝南偏东	近似方形	4.8×4.8×3.8	穹隆顶	内层涂抹灰泥层	四壁及佛龛三面满绘壁画	两侧壁前部位各开一个立佛龛，后壁原供3尊佛像

续表

编号	所在地	周边其他建筑	建筑形式	门洞朝向	平面形状	室内尺寸 面阔×进深×净高（米）	屋顶形状	室内装饰	壁画	佛龛/供台/塑像
8#	东嘎乡境内，皮央村西面的山体上	同上	单室窟洞	朝向东南	方形	7.4×7.0×2.0	纵券顶	内层涂抹灰泥层	四壁及佛龛三面满绘壁画	室内左、右、后壁上均开凿落地壁龛，后壁龛内原供置佛像
9#	东嘎乡境内，皮央村西面的山体上	同上	单室窟洞	朝东偏南	方形	5.2×7.5×2.4	呈两面坡顶式样	内层及洞顶涂抹灰泥层	四壁及洞顶满绘壁画	无
10#	托林镇境内，古格王国遗址所在在山体东侧的山腰上	周围山体上分布着数百座洞窟民居和洞窟遗迹，以及佛塔、防卫墙、碉堡等其他遗迹	由三室窟洞居民改建成单室窟洞	朝东偏南	刀把形	3.0×4.4×2.0	平顶	室内四壁用0.25米厚的土坯墙砌筑，并涂抹灰泥层	内壁除西南角的棱之外墙均有壁画	无佛龛，是否供置塑像不详
11#	托林镇境内，古格王国遗址所在山腰中部偏北一道山崖下	同上	单室窟洞，门上有一采光口	朝南偏东	略呈梯形	2.8×3.0×2.3	略呈拱形	四壁涂抹灰泥层	四壁及佛龛三面满绘壁画	北壁中部有一佛龛，无塑像
12#	托林镇境内，古格王国遗址所在的山面的山脚下	同上	单室窟洞	朝南偏西	近似方形	2.5×2.3×2.1	平顶	北壁涂抹一层较薄的灰泥抹面	洞内北壁绘有壁画	无

续表

编号	所在地	周边其他建筑	建筑形式	门洞朝向	平面形状	室内尺寸面阔×进深×净高（米）	屋顶形状	室内装饰	壁画	佛龛/供台/塑像
13#	托林镇境内，古格王国遗址所在的山体中部山南坡台地的山体，在山顶上	周围山体上分布有数百座洞窟、房屋及佛塔遗迹，以及佛塔、防卫墙、碉堡等其他建筑遗迹	窑房结合，洞外是房屋建筑，防洞的上方开小方窗	朝南偏东	梯形	2.6×2.7×3.2	纵横拱形	四壁及洞顶涂抹灰泥层	四壁、顶部及北壁大佛龛的三面均有壁画	北壁有一大佛龛，上供佛像。东西两壁佛龛大龛上方各有一方龛，中供小佛像
14#	多香河东岸台地的独立土山上，位于山体南面山崖下	周围山体上和山脚下有房屋、佛殿遗迹数十座、洞窟民居数百座及碉堡、佛塔等其他建筑	窑房结合，由经堂（房）和后殿（窑洞）组成	朝向正东	略呈梯形	3.8×4.3×净高不详	不详	四壁涂抹灰泥层	周壁均有壁画	北壁及东西壁下有一连通的凹形座，上供3尊佛像
15#	普兰县城墩边孔雀河北岸崖壁上	周围崖壁上有数十处洞窟民居和僧舍	单室洞窟	朝南	长方形	5.0×8.0×2.0	略呈拱形	四壁涂抹灰泥层	周壁均有壁画	无

备注：

1#、2#、6#、14#、15# 资料来源：索朗旺堆. 阿里地区文物志 [M]. 拉萨：西藏人民出版社，1993:115、113、110、94、129.

3#~5#、7#~9# 资料来源：教育部人文社会科学重点研究基地四川大学中国藏学研究所、四川大学历史文化学院考古系、西藏自治区文物事业管理局. 皮央·东嘎遗址考古报告 [M]. 成都：四川人民出版社，2008:26~27.

10#~13# 资料来源：西藏自治区文物管理委员会. 古格故城 [M]. 北京：文物出版社，1991：66、68、70、63.

图 5-1　远望詹巴南夸修行洞

象雄都城的所在地，亦是苯教的发源地，苯教教徒心目中的圣地。

修行洞（图 5-1）位于山腰位置，周边还分布着大小不等的山洞。修行洞现已经过人工修整，修筑有水泥台阶（图 5-2）。从入口依狭窄的踏步而上，便可见二层的一大一小两个山洞，较小的洞内壁布满烟炱，地面较平整，有僧人的修

图 5-2　去修行洞台阶

图 5-3　詹巴南夸修行洞内部

行禅座，现洞内挂满唐卡（图5-3）。较大的洞内亦挂满唐卡，地面上铺设藏毯，顶部悬挂彩布，已不能看出洞内的原貌（图5-4）。据寺内僧人介绍，著名的苯教大师琼追·晋美南卡于1936年朝拜该苯教圣地，并在此建立了现阿里地区仅有

图5-4 大修行洞内部

的一座苯教寺庙——古入江寺（图5-5）。

阿里地区的神山、圣湖是苯教教徒的理想道场。

2. 佛教洞窟

据说佛教在古印度诞生后，印度的佛教徒多采用石头与砖料来建寺庙，而为了在修行中免受世俗世界的影响，印度的僧侣们在火山岩地带凿窟而居，形成了古印度佛教寺庙的一种形式——石窟寺建筑（图5-6）。

随着佛教在印度周边地区的传播，石窟寺建筑亦对其他地区的佛教建筑产生

（a）从詹巴南夸修行洞看古如江寺 　　（b）古入江寺苯教典籍

图5-5 古入江寺

（a）外观　　　　　　　　　　　　　　　　　　（b）内景

图 5-6　印度阿丹陀石窟

影响，但各地区自然环境存在差异，石窟寺建筑在有些地区演变成洞窟式建筑。阿里地区受自然条件的限制，山体多为土质，难以建造印度式宏伟的石窟寺，而多为规模较小的佛教洞窟。自象雄时代起，阿里人们便擅长利用当地自然环境，开凿洞窟，将佛教洞窟与本地习俗相结合，因此，该地区的佛教洞窟数量众多。

（1）洞窟类型

根据各洞窟内的陈设及功能的不同，可将佛教洞窟细分为以下几种：

图 5-7　东嘎礼佛窟内壁画

① 礼佛窟

该类洞窟往往供奉佛像或设置佛塔，洞内壁上会有壁画，是进行宗教活动的场所。前文所述的东嘎遗址中著名的三个洞窟便属于该类（图5-7）。

② 修行窟

该类洞窟主要供僧侣修行与起居，洞窟内设有僧侣修行禅座（图5-8），摆放经书或擦擦的壁龛等。修行禅座及壁龛一般在内壁上挖凿而成，形式较简单。札达附近的洞窟修行禅座一般有两种样式，一种座位处较窄，背龛较高，往往成组设置，可能供年纪稍轻的僧人使用；一种座位处较宽，背龛较矮，可能供高僧使用（图5-9）。

有僧侣修行的洞窟与居住的洞窟联系十分密切，许多修行的洞窟与居住的洞窟是相连的，难以明确区分。大多数情况下，修行洞窟既用作僧侣的宗教修行，又用做生活起居。

与民居类洞窟相比，修行洞窟内壁也附着一层黑色物质，是由藏族僧人在念经诵佛时所点的酥油灯熏烤连成。

西藏地区有很多有关大师修行洞的传说，这些洞中可能保留有大师的脚印、手印等遗迹，这类洞窟在阿里地区的数量也较多，有一些寺庙会选择在大师曾经的修行洞位置修建，而各洞窟遗址内几乎都包含修行窟。

③ 壁画窟

壁画窟一般是在洞窟内部绘制佛教题材的壁画，该类洞窟可能与礼佛窟或修行窟共同存在。

（2）洞窟特点

① 选址特点：佛窟与居住类的洞窟一样是在山体中开凿，所以选址往往是在

图 5-8　修行窟内修行禅座

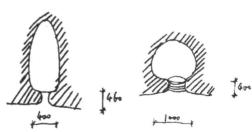

图 5-9　修行禅座测绘图

崖壁或者山体上，朝向多是朝阳的东向或南向，佛窟一般很少单独存在，往往和居住类洞窟集合一处，聚落成群。在总体布局上，佛窟往往在洞窟群落的上部，其下则是居住类的洞窟群，形成众星捧月的格局。

②建筑形式：佛窟与住宅一样，有纯洞窟形式的，亦有房窟结合式的。纯洞窟形式的佛殿大多都是单室的，没有侧室，不像居住类洞窟那样组合多样；房窟结合形式的则以前面实体房屋为经堂，后面洞窟作为供佛之用。而前经堂后佛殿的形式本身就是西藏佛教寺庙殿堂最为常见的布局方式。

③室内空间：佛窟的平面大多是正方形，少数梯形和不规则形状的乃是受到开挖基址的地势影响。佛窟平面不似居住类洞窟那么自由，方形平面更加规整、完满，能使朝拜者感受到庄严、崇敬的气氛。

佛窟的室内面积最小的不到6平方米，多数面积在16平方米以下，规模最大的可达50平方米。室内壁面平整且饰以彩绘，建造非常考究。

佛窟的高度也较居住类洞窟高很多，最高可达4.3米，这主要是因为供佛的缘故，体现出佛教建筑的高级和宗教气氛的崇高。也有些佛窟的高度只有2米左右，笔者推测这些佛窟很有可能是由居住类洞窟改建而来的，因为该地居住类洞窟的高度大多2米左右。

佛窟的顶棚形状多样，有些模仿汉式官式建筑的藻井，称之为覆斗形殿堂窟，譬如札达县东嘎村的佛窟；有些则未经过特殊处理，为掏洞自然形成的中间高四周低的拱形，绘有精美的彩画。

④室内壁画：洞窟佛殿的室内都绘有精美的壁画，有些是在四壁绘满壁画，有些连室内顶棚也绘满壁画。由于绘制壁画必须有作为支撑结构的墙壁或崖壁、作为地仗层的泥灰抹面、表现壁画的颜料层这三个基本要素，所以洞窟室内的壁面甚至顶棚都涂有一层泥灰层。

⑤室内供置：只有半数的佛殿中有供置的佛像或壁龛。供置佛像的佛殿，一般在后壁开有较大壁龛，龛内供奉主供佛像；部分佛殿在室内壁面上开有小的佛龛，小佛龛内供置数个小佛像；部分洞窟内设有落地龛，龛内三面绘精美的壁画，但是不供置佛像；有的佛殿内除了供置佛像外，还会供置佛塔。

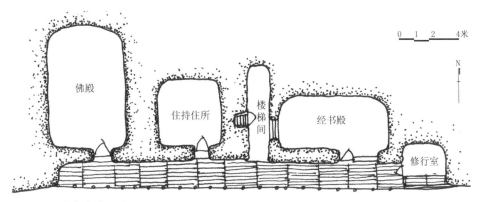

图 5-10　古宫寺佛殿层平面图

3. 实例

（1）古宫寺佛殿

实例 15：位于普兰县境内的古宫寺中的佛殿、修行室、经堂等建筑均修建于依山开凿的洞窟中（图 5-10）。

古宫寺位于普兰县城城边的孔雀河北岸，寺院的佛殿开凿于高出河岸台地约 30 米的崖壁上。沿着崖壁前的山路上至寺前平台，再由平台上石砌的台阶可到达底层的仓库、厨房等辅助用房，底层用房与顶层佛殿间仅有一个开挖于顶层地面的直径不足 1 米的圆形洞口，人顺着搭在洞口的梯子可爬至顶层（图 5-11）。

图 5-11　古宫寺室外楼梯

古宫寺的佛殿只有一间，为杜康殿（集会殿），位于顶层的最西端，佛殿往东依次为住持住处、楼梯间、经书室和修行室，这些房间与佛殿都是由崖面外搭设的悬挑木走廊连接。杜康殿为一间平面近似长方形，面阔 5 米、进深 8 米、净高 1.8~2 米的洞窟佛殿，室内并无龛洞，四壁均绘满壁画，杜康殿至今仍在使用，白天有喇嘛在殿内诵经，当地居民也时常来殿内拜佛，殿内四壁及屋顶由于常年点酥油灯的缘故，布满一层黑色的烟熏。

杜康殿又称"古宫益卓殿"，传说这里曾是普兰诺桑王子的宫殿，仙女益卓

（a）室内　　　　　　　　　　　　　　　　　　（b）佛殿内壁画局部

图 5-12　洞窟佛殿

拉姆与王子恩爱，遭密谋陷害，巫师谎称北方有敌，诱使诺桑王子出征，益卓拉姆在危难时刻便从这里飞升天宫。待王子凯旋，与益卓拉姆相会于天庭，战胜种种困难，惩处了恶人，终获幸福团圆。根据寺内壁画年代来看，应是公元 15 世纪后的作品。由此分析，这座寺庙中的佛殿和洞室可能早期仅为一般居住或修行洞窟，后因建寺于此，并有神话传说流传，才逐渐重要起来，终成为一方名胜（图 5-12）。

（2）东嘎佛殿一

实例 16：这是位于东嘎乡境内一座"弓"字形断崖东侧的洞窟佛殿。佛殿的门洞位于南壁的中部，朝南偏西，室内平面呈方形，边长 7.3 米，洞内垂直高度 4.3 米。佛殿室内与门洞正对的北壁及两侧壁上开有三个佛龛，龛内原供奉 12 尊小佛像，其中北壁龛内 8 尊，侧壁龛内各 2 尊，壁龛均位于距地面 1.86 米处，壁龛高 1.6 米、深 0.7 米。室内地面中部供有底座连通的佛塔两座，佛塔上层已毁，只剩塔基。佛殿的顶棚为外方内圆、中央是四层递收的圆形藻井，表现的是圆形立体曼陀罗，中心最高处距地面 5.3 米。室内地面是山体的土层，未经特殊加工，四壁及屋顶的所有壁面都绘满了非常精美的壁画，壁画的内容为 1 000 尊不同的"大菩提心得道者"，洞口两侧还绘有供养人。条形龛内有头光、背光，两侧还绘有"七政宝"和"八吉祥"。洞顶绘制坛城（曼陀罗），自上而下依次绘坛城各院尊者，洞顶中央绘中院主尊法界自在文殊及其眷属，分坐在中心和八瓣展开的莲瓣上（图 5-13）。

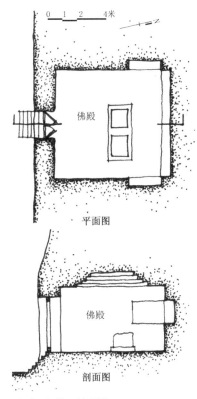

平面图

剖面图

（a）平面、剖面图

图 5-13　东嘎佛殿一

（b）佛殿顶部藻井

（c）佛殿室内

　　实例 17：东嘎佛殿二。这座洞窟佛殿也位于东嘎乡境内的"弓"字形断崖上，在佛殿一西侧 10 米处。门洞位于南壁的中央，朝向南面，室内平面近似方形，面阔 6.6 米、南进深 6.5 米，洞内垂直高度为 4.3 米。室内无壁龛，也无供置的塑像，仅在四壁的底部设有供台。佛殿的顶棚为"斗四套叠"式样的藻井，即四层方形由大到小，下层方形各边的中点连线形成上层方形，层层相错，套叠升高，在洞顶中央形成距离地面 5.6 米的最高点。室内四壁及洞顶绘满壁画，壁画内容是：四壁主绘象征宇宙世界的圆形坛城，西壁和南壁下部绘横排分幅的长卷佛转故事，南壁东侧下部入口还绘制有礼佛图，图中有几十位身着色彩艳丽服饰的贵族；洞顶彩绘坛城，以丰富多变的几何纹样为主，并多用狮、龙、象等动物图案，造型工整，色彩艳丽（图 5-14）。

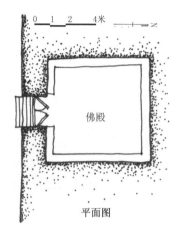

（b）佛殿顶部藻井

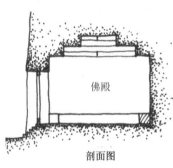

平面图

剖面图

（a）平面、剖面图

图 5-14　东嘎佛殿二

（c）佛殿外部

（3）古格依怙洞

实例 18：这是一座古格王国都城遗址中的洞窟佛殿，它位于遗址所在山体的最高台地上，是在距最高台地地表深约 10 米的断崖上开凿而成，佛殿内主供护法神像，所以又称依怙洞（护法神洞）。依怙洞是由洞窟和房屋结合建成，洞外为房屋建筑（已在原残墙上重建），门洞在南壁上。

依怙洞有自己独立的门洞，就开凿于房屋作为北壁的断崖上，朝南偏东，与洞前的房屋建筑的门洞方向一致。依怙洞门洞上方开有采光窗口，窗口上的木质窗框为后来修复时加上去的，光线由窗口可直接照射在主供佛像上，体现出"举世黑暗唯有佛光"的宗教精神。依怙洞内平面略呈梯形，面阔 2.6 米、进深 2.7 米、净高 3.2 米，洞顶略呈拱形。洞内北壁上有一大的壁龛，龛前设供台，龛内后壁

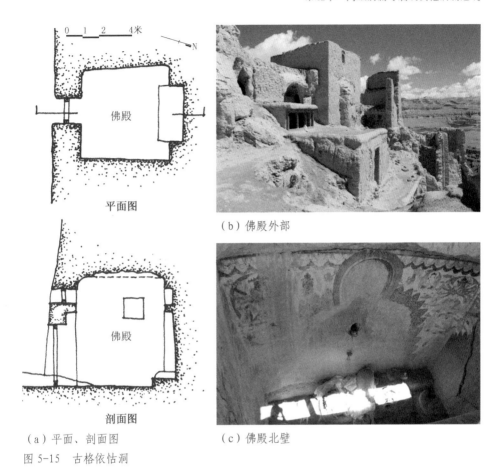

（a）平面、剖面图

图 5-15　古格依怙洞

（b）佛殿外部

（c）佛殿北壁

有火焰背光，原供依怙神大像，大龛距洞的原地表 0.4 米、宽 1.66 米、高 1.85 米，剖面呈下大上小的梯形，下部进深 0.4 米、上部进深 0.25 米；北壁两侧的壁面和北壁大龛上方均各有一方形小龛，三个小龛内原供有小塑像。洞内顶部和四壁以及佛龛三面均绘有壁画。根据依怙洞以及洞前房屋的组合形式，可推测这很可能是前聚会殿后佛殿的早期佛教殿堂布局形式（图 5-15）。

（4）皮央村佛窟

实例 19：皮央村西侧有一长条形山丘，上面分布着蜂巢状的各类洞窟，其顶部分布着多处佛教建筑遗址和少量的石窟遗址。现举两例分析说明：C 窟位于山崖中部，面朝东方，为平面方形的单室礼佛窟。入口处有深约 1.2 米的甬道与窟室相连，窟室面阔 3.5 米、进深 4.2 米，顶棚形式为简单的拱顶，中间高而四边低。

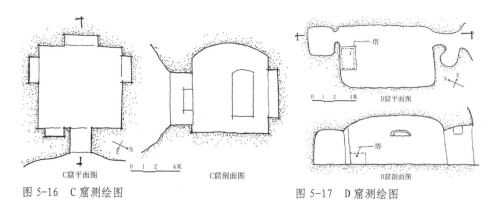

图 5-16　C 窟测绘图　　　　　　　　　　　图 5-17　D 窟测绘图

窟内四壁均饰以壁画，南、北、西三壁均开设壁龛，此种方式与实例 17 类似。另在紧靠入口甬道的东壁南端有一小龛，龛距地 0.2 米，宽 0.3 米、深 0.25、高 0.3 米（图 5-16）。窟内供奉有大量的擦擦。

　　D 窟因窟内有塔遂称为"灵塔窟"，该窟位于山丘的东南崖坡上，是皮央遗址中少见的内建灵塔的石窟。该窟朝向东南，自外向内有门道、前室、后室三部分。门道长 3 米、宽约 1 米、高约 2.1 米。门道东壁上部开有烟道，附近壁面有较厚的烟炱痕。前室进深 8 米、宽 4.5 米，平面呈长方形，顶面呈四边低中间高的拱形，最高处 3.1 米。前室西壁正中有一长方形小龛，可以放置"擦擦"[1]等圣物。灵塔位于前室后壁正中，现仅残余有 0.7 米高的塔基，塔刹已不存。后室较小，接于前室后的西侧，平面为边长 3 米的正方形，室高 2.2 米（图 5-17）。初步推测此窟最初可能为修行窟，修行者圆寂之后依窟建造了供奉其法体的灵塔，遂成为灵塔窟[2]。

第二节　其他洞窟建筑

　　札达和普兰县境内的洞窟建筑除了民居和佛殿外，还有很多其他类型的洞窟建筑，如宫殿、暗道、议事厅、仓库等，这些洞窟建筑穿插在洞窟群中，形成了一个完整的洞窟建筑群落。

---

1 擦擦一词据说是源于古印度中北部的方言，是藏语对梵语的音译，意思是"复制"，指一种模制的泥佛或泥塔。
2 霍巍，李永宪. 西藏札达县皮央—东嘎遗址 1997 年调查与发掘 [J]. 考古学报，2001（03）：397-426.

1.古格洞窟宫殿

札达县境内的古格王国都城城堡中有一座洞窟宫殿。它位于城堡山顶最高台地的北组建筑群中部东侧地下10米多深处，是供王宫贵族冬天居住的地下宫殿（图5-18）。

该宫殿由七间洞窟和连接各洞窟的地下通道组成，通道入口设在该宫殿的南边的地表上，由入口向下可达宫殿各室。《古格故城》一书中对它的叙述如下：

进入宫殿的通道，由入口处先向南斜下4米多，再向西斜下10多米才到达宫殿所处的平面，通道内的台阶高宽均为0.23~0.25米，十分陡峭，且在快到达宫殿所在平面前几米的通道南壁上开有一暗道口，沿着这条暗道陡峭的台阶可到达后山，并分别与取水道和后山

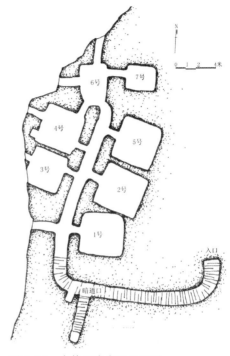

图5-18　古格洞窟宫殿平面图

的碉堡相通，这是为古格王遇到危急的时候撤离用的，暗道的旁边壁面上还有一个落地龛，根据龛的大小和深浅，推断这个龛是守位暗道口和宫殿的岗位哨。

现将宫殿内的七间洞室编为1到7号，逐一叙述。1号洞是宫殿南面的第一个洞窟，它位于通道的东侧，门洞开在通道的东壁上，室内平面近方形，边长约4.4米，室内净高2.1米，洞壁比较平整。1号洞的对门设有一个瞭望口，瞭望口外就是山顶西侧的断崖，由此可以看见城堡西侧山脚下的大片地带以及对面山上的情况。与1号洞相邻的是2号洞，它的门洞同样开在通道的东壁上，室内平面呈长方形，进深4.8米、宽4.3米，室内净高2.2米，洞内壁面平整。3号洞位于2号洞的对面，其门洞开在通道的西壁上，室内平面近方形，边长约3.8米，室内净高2米，室内的西壁上开有一个窗口，既可使阳光照进室内，人透过窗洞又可俯视室外大片区域。4号洞位于3号洞的北侧，室内平面为方形，边长4.1米，室内净高2.1米，室内西壁上亦有一窗洞，窗洞的南侧有一壁龛，这很可能是原

来想挖窗洞的位置，室内东北角有一个小门洞与6号洞相通。5号洞位于4号洞对边的靠北侧，门洞开在通道的东壁上，室内平面近方形，边长约4.5米，室内净高2.2米。6号洞位于4号洞北侧，室内平面南圆北方，呈不规则形，南北长4.2米，东西宽2.8米，室内净高2.1米，室内西壁有一窗洞。东壁上的门洞与7号洞连通，南面有两个门洞，一个与4号洞相通，一个连接地下通道。北壁上有一洞口，高1.65米、宽0.8米，从洞口形状来看很有可能是一个门洞，但是由于此洞的北面山崖已经坍塌，不知其北面到底还有没有洞室了。7号洞位于6号洞的东侧，有门洞与6号洞相通，室内平面呈长方形，进深2.9米、面阔2.4米，室内净高2.1米。

这座洞窟宫殿内并未发现抹面以及居住痕迹，推测应为古格王朝末期建造的，洞室挖好后还没有进行进一步的加工，也没有开始使用。

宫殿内的7个洞室总面积超过90平方米，其土方量最低不少于320立方米，在当时的条件下，建造这样一座地下宫殿需要耗费极大的人力，而且宫殿的挖掘既考虑到了防寒保暖，又能有效地进行采光；既具有军事防御功能，又考虑到非常时期的用水，与整个山顶区域的防卫设施构成了一个比较复杂、完善的整体防御网络。这座洞窟宫殿无疑是阿里洞窟居住建筑的集大成者，它充分地体现了当地人民的聪明才智。

2. 暗道

开凿于山体内部的暗道无疑也是洞窟建筑的一种，它是人为地向山体中掏挖，从而形成的管状通道。

暗道在很多情况下都有出现，如前文所述，为了加强洞窟民居间的联系，而在各自室内掏挖的与另一户连通的暗道；古格洞窟宫殿中为了增强防御功能以及解决非常时期的用水问题，而修建的通往碉堡和取水道的暗道；一些洞窟中修建的通向瞭望口的暗道；托林寺遗址和古格王国都城遗址中，由于山顶部分十分陡峭，无法开凿室外的山路，而在山体内部掏挖的通往山顶建筑群的暗道。这里笔者着重介绍保存完好、具有代表性的古格王国都城遗址中通往山顶的暗道。

古格遗址中通往山顶的暗道是从山腰到达山顶王宫区域的必经之路，可分为上、中、下三段。下段暗道洞口开于山腰的断崖上，洞口内为一平面呈不规则的四边形空间，可容数人据守，东北壁及拐角处有两个洞径0.5米的小洞通向崖外，可供瞭望和采光。下段与中段之间有一条长7.5米的明道，明道西面就是悬崖，

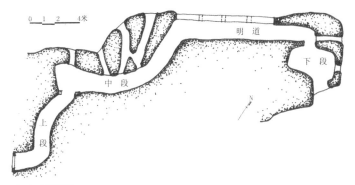

（a）平面图

（b）暗道中段的入口　　（c）暗道内部

（d）暗道下段内部　　　　（e）暗道上段山顶处出口

图 5-19　古格遗址中由山腰通往山顶的暗道

在明道的临悬崖一面砌起厚 0.45 米的土坯墙用于防护明道，墙上还设有三个箭孔。走过明道则进入暗道的中段，中段暗道深入山体，距悬崖边较远，故暗道内十分昏暗，中段暗道与上段暗道连接处设有一土坯砌的墩，上横木椽为楣，原门已不存；上段暗道为达到山顶的最后一段暗道，暗道出口处砌墙、立门，外形与一般房屋的大门一样，门上伸出短挑檐，檐上饰白玛草[1]（图 5-19）。

三段暗道的内部构造都比较相似，每步台阶的做法都是下面用一根细原木横置，上面铺石片，通道内横截面一般为拱形，宽约 1.5 米，高 1.5~3 米，暗道临崖面一方开有透气采光和瞭望用的孔洞。

3. 议事厅

议事厅是供人聚会、议事的洞窟，议事厅通常具有高大宽敞、室内无烟炱等生活痕迹等特点。这类洞窟笔者在调研中并未找到，只将《古格故城》一书中记载的两个例子摘抄如下：

"以 Ⅲ Y154 为例，形制较为奇特，平面呈梯形，门向北偏西 36°，修制极规整，壁直顶平，南、西、东三面壁上各有一长方形大壁龛，南壁下部还有一通长壁龛，下方伸成土台，洞内高大宽敞。南北长 4.2 米，东西宽 2.4 ~ 3.15 米，净高 2.15 米，门宽 1.05 米、高 2.15 米，东、西两壁龛长 2.7 米、高 0.7 米、深 0.5 米，洞内面积 11.7 平方米。"（图 5-20）

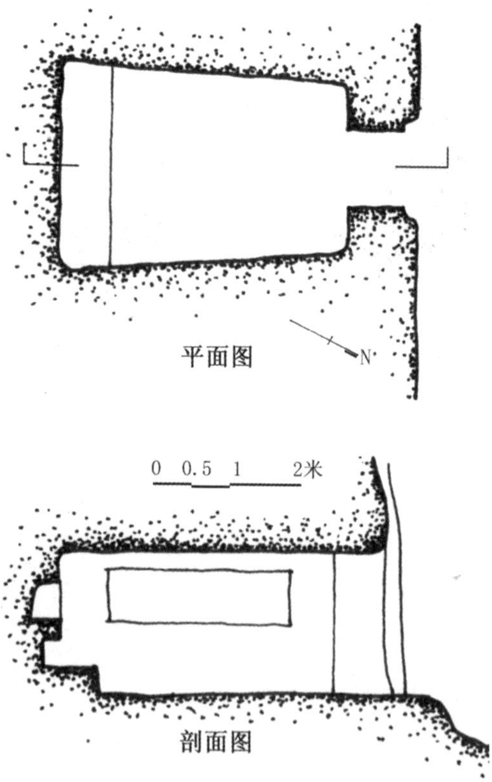

"以 Ⅴ Y28 为例，平面呈长方形，门向东偏西 57°，形制很简单，南北两壁各有 2 个并列的长槽状大壁龛，两

平面图

剖面图

图 5-20　古格洞窟 Ⅲ Y154 的平面、剖面图

1 西藏自治区文物管理委员会.古格故城[M].北京：文物出版社，1991：116.

两相对，洞内修制极规整，壁直顶平，高大宽敞，周壁及顶部均无烟炱，顶部稍有剥落。洞内东西长5.9米、南北宽4.9～5.4米、净高2.3米，门宽0.9米、高1.7米，面积30.4平方米。"（图5-21）[1]

由上述的两个例子可以看出，议事厅室内平面规整，面积较大，室内净高也较一般民居高出一些，壁上所开的壁龛大小、位置极为讲究。

4. 仓库

仓库是指专供储藏用的洞窟建筑，虽然洞窟民居中也有在室内壁面上开凿龛洞或在地面上搭设储物槽来储存物品，但有一类洞窟专门用于储藏物品，室内并无生活痕迹，与其他洞窟有着明

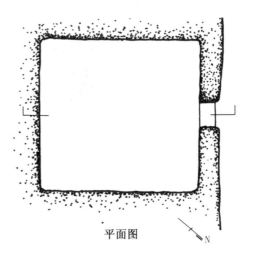

平面图

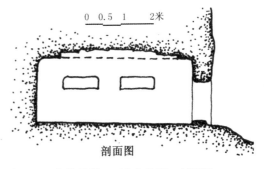

剖面图

图5-21　古格洞窟Ⅴ Y28的平面、剖面图

显的区别，所以有必要专门划出一类，加以叙述。

洞窟仓库用于储藏各种各样的生活物品以及战时所需的兵器等，它的建筑形制有单室和多室，室内通常用矮墙隔成数个仓池，也有一些面积较小的仓库室内并不用矮墙分隔。笔者在调研和相关资料中都找到了有关洞窟仓库的例子，下文介绍几个有代表性的实例。

这是一处古格王国城堡遗址山脚处的仓库，仓库的门洞已经被淤土堵塞了，只能透过仓库壁面上的一处破洞看到室内的情形。室内只有一间洞室，洞内平面大体呈圆形，直径在2米余，室内空间由土坯砖砌的隔墙等分为四个大小一样的储物槽。但从室内的烟炱痕迹以及内壁上设置的壁龛中可以看出，这座洞窟原应为一处民居，并且被使用了较长的时间，后期才被改造成仓库（图5-22）使用的。

1 西藏自治区文物管理委员会.古格故城[M].北京：文物出版社，1991：116.

这是一处《古格故城》书中记载的单室无仓池洞窟仓库："以Ⅳ Y25 为例，洞室呈长方形，东西 2 米、南北 1.5 米……洞室高 1.6 米……门上无出烟孔，亦无烟炱。" 可见这一类室内面积仅有 3~4 平方米、洞内净高过矮、不适宜居住的洞窟一般是作为仓库使用的[1]。

图 5-22　洞窟仓库室内

在古格遗址中还有一处储藏兵器的双室洞窟，由于此洞内遗有藤盾牌和上万支箭杆，所以又被称为"武器库"。此洞窟由外室和内室组成，由北壁的门洞可进入外室，外室面积较小，只有 6.7 平方米，平面为不规则形，外室东壁上有一个暗道口，暗道很陡峭，斜向下 8 米可到达位于东断崖的一个瞭望孔。外室南壁的门洞连通内室，内室面积较大，有 22.8 平方米，室内平面呈规整的长方形，四壁也比较平整，室内没有灶台、火塘等生活设施，壁面上没有烟炱痕迹。由此可推断，

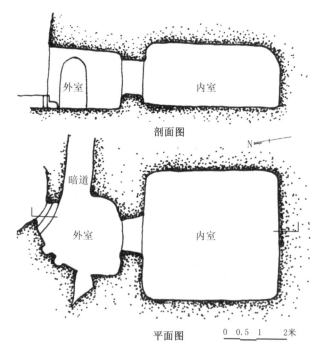

图 5-23　兵器洞平面、剖面图

1　西藏自治区文物管理委员会.古格故城 [M].北京：文物出版社，1991：116.

内室是用于储藏兵器的储藏室，外室为保管、守卫人员的住所，守卫人员可从室内的暗道到达瞭望孔，了解外边的情况[1]（图5-23）。

5. 监牢

笔者在调研中，还在古格遗址山脚下发现一例被当地人称为地牢的洞窟，这座洞窟的洞口呈狭窄的长方形，洞内漆黑一片、深不见底。据说，此洞窟是古格时期囚禁死囚的地牢，洞深10多米，落进洞里的人无法自行爬出（图5-24）。

图5-24 监牢洞洞口

《古格故城》一书对此洞窟的形状有详细记载："有一孔极特殊的洞，札布让村民称之为'监牢洞'，位于1区中段的山坳上，为一长斜坡道的深洞，洞口开于地面，边缘经长年冲刷已不规则。口上部宽大，下部渐窄，略呈喇叭状。洞口方向北偏西14°，斜坡道坡度达55°，斜道坡面不平，中部稍拱，下部洞室淤积过半，原规模形制已不详。现平面略呈不规则的圆形，顶部为斜拱状。洞口长6.4米、中部宽1.6米、斜坡道长约20米、洞室口宽1.2米、残高1.6米、洞室内径5.3米、残高1.4米。"[2]

6. 藏尸洞

笔者调研时，在古格遗址北部河谷的断崖上还发现一处放尸体的藏尸洞，它位于古格城堡遗址下的那布沟河谷北部断崖的西壁上，洞口开在断崖的崖壁上，距离地面2.3米（图5-25）。

藏尸洞为一个三室的洞窟，主室的南壁和西壁上各开有一个面积较小的侧室，室内散落着骨骼、破布、麻绳等杂物，洞内无烟炱，据说是古格王朝时期堆放俘虏尸体的洞窟，但至今没有考证。藏尸洞的门洞朝东，宽0.7米、高1.3米，从门洞进入就是主室，主室平面为边长约3米的方形，主室西壁上有一个小龛和连通西侧室的洞口，主室南壁上有连通南侧室的洞口；西侧室宽1.8米、进深1.9米，

1，2 西藏自治区文物管理委员会.古格故城[M].北京：文物出版社，1991：116.

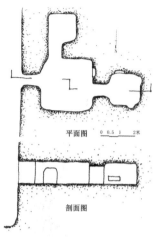

平面图　0 0.5 1 2米

剖面图

（a）平面、剖面图

（b）室外入口

（c）洞窟室内

图 5-25　藏尸洞

平面很规整，近似矩形；南侧室平面也较为规整，呈长方形，宽 1.5 米、进深 1.6 米。由于洞内地面都堆积着骨骼、破布等物，洞窟的实际层高无法测出，地面堆积物到洞顶的高度约为 1.2 米。

第六章　阿里寺庙建筑

随着生活水平的提高、生产力的提升以及佛教徒的增加，修行洞及洞窟类的寺庙已经不能满足使用要求，于是，阿里地区的人们克服自然条件的限制，建造了越来越多的气势宏伟的寺庙建筑。

阿里地区有着如托林寺、科迦寺一般规模宏大的佛教寺庙建筑，亦有如扎西岗寺、达巴寺一般防御性很强的像堡垒一样的寺庙建筑，还有许多寺庙遗迹尚未被发掘。这些都反映出该地区宗教文化的辉煌。

第一节　阿里寺庙建筑的特点

1. 寺庙建筑的组成

阿里地区的宗教建筑由来已久，从苯教修行洞、赛康到佛教的建筑，经历了漫长的宗教及建筑形式的转变过程。随着佛教成功融入西藏社会，衍生出藏传佛教，其修行方式与苯教不同。藏传佛教中的格鲁派戒律严明，要求僧人在寺庙中修行及生活，因此，其寺庙规模庞大，内部的建筑并非只有供奉佛教用品的房间，还有许多僧人使用的附属房间。

（1）佛殿

佛殿是寺庙中的主体建筑，是用来供奉佛像、佛经的主要场所，在整座寺庙建筑中地位最高、规模最大，亦有些规模较小的寺庙只有一座中心佛殿。

① 佛殿的组成

佛殿内大多梁柱雕刻精美，壁画形象生动，集结了整座寺庙建筑中最精美绝伦的艺术精品。佛殿建筑可根据其规模细分为门厅、大殿及佛堂，多位于中轴线上（图6-1），有的设在佛殿内转经道，有的设在佛殿外围。

② 佛殿形制的演变

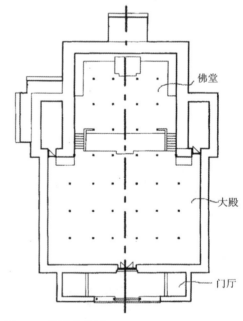

图 6-1　佛殿分析图

从平面形制来看，阿里地区早期宗教建筑遗址的平面形制大约可以分为三种：一种为"凸"字形或方形，凸出佛殿部分的朝向多为东向，规模较小，开间一般在10米左右；一种为周围小室围绕中央大殿的形式，规模略大；一种为"亚"字形，主要佛殿位于中心位置。随着藏传佛教的兴盛，各寺庙的佛殿规模逐渐扩大，尤其是佛殿内的经堂，方柱林立，这样的平面规模能够容纳数量众多的僧人打坐念经；佛殿内的佛堂数量亦有所增加。

从室内空间来看，可能是受到印度佛教建筑的影响，阿里地区早期的佛殿开窗较少，室内较昏暗，少许的阳光通过大门进入室内，以此凸显大门的重要性，也有可能是出于安全和辟邪的考虑。随着藏传佛教寺庙的佛殿规模逐渐增大，室内空间逐渐增高，佛殿中央一般开设天窗，阳光透过天窗进入室内，营造了一种佛光普照的宗教氛围。

（2）佛塔

各个寺庙中的佛塔位置不一，有的靠近佛殿，有的距离佛殿较远，可能是出于守护寺庙的考虑。佛塔的规模与样式亦不同。

（3）僧舍等附属用房

附属用房主要解决僧人的生活起居需要，其规模较小，形式较简单，一般在靠近寺庙院墙的边缘位置。

2. 寺庙的选址与布局

（1）选址

① 自然及社会因素

阿里地区较为干旱缺水，温差大，海拔较高，笔者调研的该地区寺庙，大多分布在该地区主要的四条河流——象泉河、孔雀河、狮泉河、马泉河及其支流的河谷地带，这些地带是阿里高原上较湿润、植被较多的地带。有的寺庙坐落在河谷地带的宗山上，与宗堡建筑结合在一起；有的选址在河谷的山顶或山腰等防御性较强的地方；有的建立在河谷边的平原地带。从选择的位置上来看，可以把这些寺庙大致分成山地寺庙与平原寺庙两种。

山地寺庙。这类寺庙依山势而建，错落有致，与环境很好地结合在一起。与宗堡建筑结合在一起的寺庙，其主殿靠近宗堡建筑，与宗堡类的建筑一同处于防护围墙、碉堡的保护内，具有很强的防御性，也反映出当时寺庙的地位。建立在山顶或山腰地带的寺庙，一般主殿的位置较高，其他附属建筑位置相对较低，既是寺庙，又是堡垒。这些寺庙充分利用山体地形，发挥了山地建筑的优势。

平原寺庙。在河谷平原地带分布着一些人口聚集的村落，为了弘扬佛教，扩大佛教在西藏社会的民众基础，势必要在靠近人口聚集的村落兴建寺庙，这些寺庙规模较山地寺庙更大。这些寺庙与其周边民居结合紧密，拉近了与民众之间的距离，使民众耳濡目染地接受佛教的感染，亦使越来越多的民众聚集定居在寺庙的周边。

② 宗教传说——神山、圣湖崇拜

宗教类建筑在选址方面也要满足藏区人民神山、圣湖崇拜的心理需求，并附着一些神话传说或宗教传说，来渲染寺庙的神秘气氛。

神山崇拜。普兰境内的冈仁波齐峰被苯教、印度教甚至耆那教等各教派认定为世界的中心，是一座有灵性的神山，是连接天界的天梯，是各教派的宗教中心、精神中心，是教徒们朝拜的圣地。藏传佛教亦将该山峰奉为神山，莲花生大师、噶举派的米拉日巴等许多大师曾来此修炼、斗法，在神山周边留下了诸如脚印等许多圣迹及美丽的传说。尤其是噶举派的米拉日巴大师，常年在此闭关苦修，此后的噶举派大师大都遵从这种修炼方式，因此，冈仁波齐峰周边的许多宗教建筑属于噶举派。

圣湖崇拜。位于冈仁波齐峰南面的玛旁雍错是海拔最高的淡水湖之一，景观十分美丽（图6-2）。藏传佛教的信徒们认为："此湖是龙王的栖息处，十分神圣不可侵犯。无龙便无湖，无湖便无水，无水便无植被，无植被便无生命，所以湖就是生命之神，是生灵生长的灵气

图6-2　圣湖

之源泉。"在圣湖的周围亦分布着众多的宗教建筑、修行洞以及石构遗址，可见，圣湖周边自古便是宗教圣地。

（2）寺庙布局

① 山地寺庙布局

山地寺庙的建筑顺应山势而建，各个佛殿处于不同高度的坡地平台上，之间由拾级而上的台阶相连，布局灵活，充分体现建筑与自然的和谐共存。亦有山地寺庙将各佛殿集中式地布置在山顶或山体的其他位置，外围用围墙、碉堡围合，该种布局的佛殿间距较大。

②平原寺庙布局

笔者调研的阿里地区的平原寺庙规模较山地寺庙大，例如托林寺、科迦寺这样的寺庙，其核心部分由佛殿群组成，僧舍等建筑围绕在佛殿群的周边。佛殿与佛殿、佛殿与寺庙主入口之间并无对称关系。总体来说，整座寺庙的建筑以佛殿群为核心，佛殿群又以主要的中心佛殿为核心，向周边自由展开布局，形式富有变化。

第二节　托林寺

托林寺（图6-3）是阿里地区著名的寺庙，建于996年，有阿里历史上"第一座佛教寺院"之称。虽然，该寺庙到底是否为阿里地区佛教寺院的第一座已很难考证，但是，这充分说明这座历史悠久的寺庙具有很高的宗教地位。

图6-3　托林寺鸟瞰图

"托林寺"藏语意为悬空寺或飞翔于空中的寺庙，许多佛教高僧都曾在这里著书传教、译经授徒，对佛教在阿里地区甚至整个藏区的发展起到了巨大的推动作用，对藏传佛教后弘期弘法的形成及发展做出了重要的贡献，1996年，该寺庙被定为全国重点文物保护单位。

该寺位于札达县托林镇的西北部，属于札达盆地的土林地带，紧邻象泉河南岸的台地，高出河床约47米。寺庙周边地势较平坦，与县城建筑结合在一起。旧址位于山上，现在的托林寺建在象泉河畔（图6-4）。

图 6-4　托林寺旧址与托林寺位置剖面示意图

1. 历史沿革及其宗教地位

拉喇嘛·益西沃于 10 世纪末, 即藏历火猴年 (996 年) 创建了该寺庙。当时的托林寺没有如今的规模, 初期的佛殿只有两座——朗巴朗则拉康及色康佛殿。

根据文献记载, 拉喇嘛·益西沃选派仁钦桑布在内的 21 名童子到印度学法, 并迎请印度达摩波罗法师的弟子波罗松到阿里传授佛教戒律。仁钦桑布学成后返回托林寺, 成为阿里著名的大译师, 他在托林寺著书立说, 还对前人的佛学典籍进行了多方面的修订, 他修订后的密集称为"新密"。 仁钦桑布还担任托林寺的堪布多年, 并逐渐扩大了寺庙规模。

拉喇嘛·益西沃和仁钦桑布在托林寺所做的这一切, 为"上路弘传"的兴盛打下了坚实的基础, 也为藏传佛教在阿里地区的发展做出了极大的贡献。11 世纪中叶, 印度高僧阿底峡受邀来到托林寺传教布道, 著有名作《菩提道灯论》及 20 余种著作。阿底峡带动了西藏佛教的复兴, 托林寺也因阿底峡的驻锡而逐渐成为当时藏区的藏传佛教中心, 可见, 该寺庙的宗教地位之高。

1076 年, 古格国王孜德在托林寺举行"火龙年大法会", 以纪念阿底峡大师去世二十二周年。这次大法会是藏传佛教"后弘期"以来藏区各地佛学大师们的第一次大型集结法会。经过一系列的弘扬佛法的举措, 古格成为藏传佛教"后弘期"的佛教中心, 影响到西藏各个地区。

12—14 世纪, 噶举、萨迦派在阿里地区的势力较大, 古格及托林寺都曾归萨迦派统治。

15 世纪, 宗喀巴大师的名徒——噶林·阿旺扎巴来到古格传播格鲁派。他来到托林寺传教、授课, 于是托林寺成为格鲁派的寺庙。托林寺亦在这一时期得到扩建，杜康大殿、拉康嘎波便大约建立于该时期。第四世班禅大师罗桑曲杰坚赞应末代古格王扎巴扎西之邀来到托林寺，大大提升了托林寺的宗教地位，成为格鲁派在西藏西部的一座重要寺庙。

17 世纪 30 年代，拉达克国王使用武力征服了古格王国，劫掠了托林寺内众多的佛像、经书等价值连城的供物，损坏了塔林及殿堂内的壁画。托林寺在此劫难中遭受了很大程度的破坏。据说，在 17 世纪 80 年代，由于教派之争，拉达克军队再次侵占托林寺，抢劫寺庙财物。

1841 年，道格拉王室在英国的支持下进攻阿里地区，托林寺再次遭到破坏。虽然次年藏军收复了失地，但阿里地区的多数寺庙破坏较严重，逐步走向了衰落。

20 世纪 80 年代后，托林寺得到了西藏地方政府的重视，多次派专人维修和保护寺庙建筑，并且恢复了宗教活动。

2. 建筑及其布局

该寺整体位于象泉河南岸的一处较为平坦的台地上，寺庙顺应地形而建，东西长，南北窄，呈条形分布（图6-5）。"规模较大，包括朗巴朗则拉康、拉康嘎波、杜康等三座大殿，巴尔祖拉康、玛尼拉康、吐几拉康、乃举拉康、强巴拉康、贡康、却巴康等近十座中小殿，以及堪布（寺院住持）私邸、一般僧舍、经堂、大小佛塔、

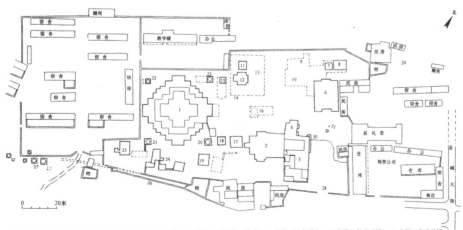

1.迦萨殿（朗巴朗则拉康）　2.红殿（杜康）　3.僧舍（后建）　4.净厨　5.护法殿（贡康）　6.白殿（拉康嘎波）　7.金殿（色康后殿）　8.金殿（色康前殿）　9.护法神殿（贡康）　10.堪布拉章　11.弥勒佛殿（强巴戈欣拉康）　12.罗汉殿（乃举拉康）　13.僧房　14.讲经台　15.观音殿（土旺拉康）　16.铜质灵塔　17.吉康殿（吉康）　18.转经殿（玛尼拉康）　19.僧舍（后建）　20.内四塔之一（T5）　21.内四塔之二（T6）　22.内四塔之三（T7）　23.内四塔之四（T8）　24.僧舍（后建）　25.僧舍　26.双道围墙　27.塔群　28.大门（后建）　29.民房（原寺庙僧舍区）　30.玛尼轮墙　31.塔钦

图 6-5　托林寺殿堂区总平面图

塔墙等建筑。"[1] 托林寺的建筑主要由殿堂、僧舍区及土塔、塔墙区（图6-6）两个部分组成，殿堂、僧舍的布局较为集中，佛塔的布局散漫，占据面积大，"两部分共占地495万平方米，占据了象泉河南岸台地的大半"[2]。

图6-6　塔墙

朗巴朗则拉康与周边殿堂之间形成了一个约500平方米大小的广场空地，是每年举行跳神、表演藏戏、讲经、辩经等大型活动的场所，寺内其他殿堂排列在迦萨殿东西向轴线的南北两侧。

寺院内的建筑都在不同时期受到过程度不同的破坏，该寺庙于1996年被列为全国重点文物保护单位，国家多次派专家对其进行修缮。

（1）朗巴朗则拉康（迦萨殿）

朗巴朗则拉康意即遍知如来殿。该殿又称迦萨殿，迦萨在藏语中意为"一百"，因而迦萨殿意即百殿，可见其殿堂众多。该殿是托林寺中最早修建的佛殿，应是阿底峡抵达托林寺之前的建筑，其形制也最为独特（图6-7）。

迦萨殿朝东偏北40°左右，其殿堂平面整体呈"亚"字形，即大型的曼荼罗（坛城）样式，由中心的五座佛殿、外围的十八座[3]佛殿及四座塔共同组成。

（a）入口

（b）北墙

1 索朗旺堆. 阿里地区文物志 [M]. 拉萨：西藏人民出版社，1993：120.

2，3 王辉，彭措朗杰. 西藏阿里地区文物抢救保护工程报告 [M]. 北京：科学出版社，2002：10，15.

（c）门框木雕

（d）室内壁画

图 6-7　迦萨殿

　　中心佛殿主供遍知者如来佛，周围四个方位上的小佛殿分别供佛、度母、菩萨、罗汉等。包括大日如来佛殿在内的中心五座佛殿组成小"亚"字形，外围由四大殿、十四小殿围合，其间形成一个大的转经道（图6-8），转经道将外围的佛殿连接在一起，包括四角的塔楼在内，与整组建筑形成一个整体。整组殿堂规模较大，总体东西长约60余米，南北宽约57米。

　　据藏文史书记载，迦萨殿是仿照山南桑耶寺的平面布局形式而建的，建造者将桑耶寺建筑群体所表现的设计思想和内容组织在这一幢建筑中，中心的"亚"字形佛殿象征佛教世界中的须弥山，外围的佛殿象征四大部洲和八小部洲，"四

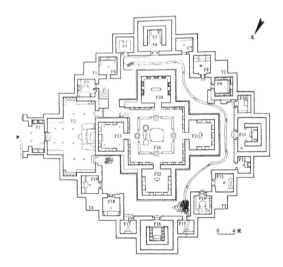

F1. 天王殿　F2. 释迦殿　F3. 大威德殿　F4. 阿扎慈殿　F5. 吉祥光殿　F6. 药师佛殿
F7. 观音殿　F8. 度母殿　F9. 五部佛殿　F10. 吉祥天女殿　F11. 弥勒佛殿　F12. 金刚持殿
F13. 佛母殿　F14. 修习弥勒殿　F15. 宗喀巴殿　F16. 无量寿佛殿　F17. 甘珠尔殿
F18. 丹珠尔殿　F19. 文殊殿　F20. 宝生佛殿　F22. 不空佛殿　F23. 不动佛殿
F24. 遍知大日如来殿　T1. 吉祥多门塔　T2. 吉祥多门塔　T3. 吉祥多门塔　T4. 天降塔

图 6-8　迦萨殿平面图

角高耸的四小塔代表
护法四天王"[1]，形成
一个立体的曼陀罗，
其总体布局比桑耶寺
更加紧凑，给人更深
刻的印象和感染力。
根据《西藏阿里地区
文物抢救保护工程报
告》中迦萨殿的模型
复原图（图6-9），外

图 6-9　迦萨殿模型复原图

围佛殿空间较低，中心的五座佛殿空间较外围佛殿高，而原内殿屋顶正中还有高
出的庑殿式金顶一座，是整座殿堂的制高点、
曼陀罗的中心，从外到内，空间逐渐升高，
形成立体曼陀罗的空间序列感。

　　从考古发掘的遗存及资料可以得知，朗
巴朗则拉康是西藏西部宗教建筑艺术的上乘
之作。该佛殿建成以后，吸引着各地的香客
前来朝拜。据说，15世纪，拉达克王扎巴德
和次旺朗杰曾先后两次派人测绘该殿，按照
其独特的样式，在拉达克境内兴建寺庙。其
后，五世达赖喇嘛时期，拉萨来的画师将该
殿作为独特完整的寺庙建筑蓝本绘入大昭寺
中廊墙壁，从而将其未经损毁时的原貌保留
下来。

　　（2）色康佛殿（金殿）

　　色康佛殿又名金殿，"因其殿堂内壁画
全部用金汁绘制，故名'色康'，意即金殿"[2]，

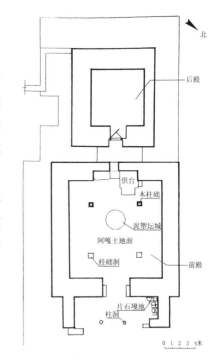

图 6-10　金殿平面图

---

1 索朗旺堆. 阿里地区文物志[M]. 拉萨：西藏人民出版社，1993：122.

2 张蕊侠，张建林，夏格旺堆. 西藏阿里壁画线图集[M]. 拉萨：西藏人民出版社，2011：3.

图 6-11　金殿原貌照片

可见其当年的华丽。佛殿位于现寺庙围墙的东北角处，距离迦萨殿约百米。据说，该殿与迦萨殿的建造年代一致，为托林寺内最早的建筑之一，并且由大译师仁钦桑布参与设计（图 6-10）。

金殿坐西朝东，规模较小，由前后两个部分组成，现在只存有底层墙基和四周台地。据史籍记载，金殿前部为"凸"字形单层殿堂，后部原为三重檐有回廊攒尖顶建筑，在杜齐先生的《西藏考古》图版中有其较为完整的形象，并称该殿为"托林寺始庙"（图 6-11）。

前殿由门廊和方形殿身组成，门廊南北长约 8 米，东西宽约 1 米，殿身边长 8 米多，建筑面积达 88 平方米。殿身西墙有宽近 2 米的门洞，应该是通向后殿的后门。《西藏阿里地区文物抢救保护工程报告》中描述，殿内原有坛城，四周墙壁有壁画及佛像背光的遗迹。殿内原有四柱，现存方形柱础。该殿出土文物中有双层十字托木构件 4 个以及彩绘的望板若干，可见该殿屋盖结构较讲究[1]。

有专家推测该殿为密宗神殿，有一种独特的佛教密续供奉的形式，应该是仁钦桑布大师的修炼之所，可能也是仁钦桑布与阿底峡尊者谈论佛法心得并按照尊者所著《密咒幻境解说》修炼直至逝世的地方。

（3）拉康玛波（杜康大殿／红殿／集会殿）

据史籍记载，15 世纪中叶，古格国王洛桑饶丹资助过宗喀巴大师的弟子——噶林·阿旺扎巴。后阿旺扎巴来到托林寺传教授课，弘扬格鲁派，托林寺在这个

1　王辉，彭措朗杰．西藏阿里地区文物抢救保护工程报告 [M]．北京：科学出版社，2002：43.

（a）入口　　　　　　　（b）大门　　　（c）外观

图6-12　红殿

时期得到扩建，杜康大殿便是此时由古格的王后顿珠玛主持修建的。

杜康大殿在藏语中是僧众集会殿之意，因外墙涂满红色又称红殿（图6-12）。该殿是现有托林寺建筑群中保存较为完整的一座，位于迦萨殿东

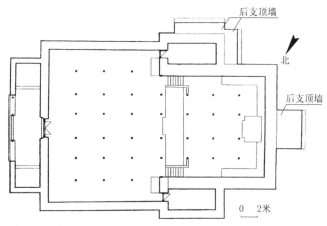

图6-13　红殿平面图

面偏南约50余米处，坐西朝东，现与红殿相连的还有护法神殿、厨房及僧舍。整座红殿东西长约35米，南北宽约21米，建筑面积588平方米，规模仅次于迦萨殿（图6-13）。

大殿由门廊和平面类似"凸"字形的殿堂组成，殿堂又可以分为经堂、佛堂两部分，佛堂左右两侧还有对称的两个耳室，这种平面布局形式与格鲁派寺庙拥有较大的经堂的特点相符合，所以也印证了上文中提及的该佛殿建成的时间在格鲁派兴起之后。

门廊共设三柱，其中南端的一根八角形的柱子，上承单层托木，采用近似镂空的雕刻，样式较为古朴，可能为寺内最早的托木形式。据藏文文献记载，殿内原供有高大的三世佛铜像及大译师仁钦桑布、莲花生、米拉日巴、宗喀巴等各派高僧的铜像或塑像，如今造像已毁。据说，殿内原供奉一座合金佛塔，内藏用金

图 6-14　红殿天花

汁书写的佛经《八千颂》。

　　殿内壁画和彩绘天花板基本保存完好。天花板彩绘图案极具特色，一个主题图案往往横跨数个椽档，构图大气、华丽、饱满，色彩艳丽，大幅的几何纹、卷草、飞天、迦陵频伽、双狮等图案栩栩如生，这种望板彩画的布局形式为其他地方较罕见（图 6-14）；门廊壁画中的十六金刚舞女采用线条优美、色彩清淡的工笔画法，高雅脱俗，衣饰及绘画风格与汉地、于阗等地的手法极其相似。

　　（4）拉康嘎波（白殿）

　　拉康嘎波因外墙涂满白色而又称白殿（图 6-15），位于杜康大殿东北约 125 米处。该殿门朝南偏西，平面由门廊和略呈"凸"字形的殿堂组成，南北长约 27 米，东西宽约 20 米（图 6-16），建筑面积达 555 平方米，是托林寺内的第三大殿堂。

　　至于该殿的建立时期，有以下资料可查："……此殿原奉有萨迦班智达塑

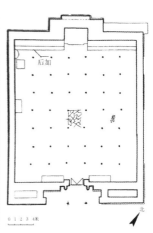

图 6-15　白殿外观　　　　　　　　　　　　图 6-16　白殿平面图

（a）入口　　　　　　　　　　　　　　　　　（b）入口门框

图 6-17　白殿

像，壁画所绘祖师像中已有萨迦祖师像，且有宗喀巴像……萨迦高僧与格鲁高僧
并重……又此殿柱头托木系双层式样……可推知托林寺嘎波拉康的时代当亦在 15
世纪。"[1]

　　门廊与殿身同宽，门廊两侧是现已封闭的两个耳室。殿门为木质门框，雕以
三重花饰，殿门外有门罩装饰，由两道横枋和四座泥塑瓶状花柱组成，门罩整体
呈淡蓝色，上绘白色或黄色的小花图案（图 6-17）。殿堂内 42 柱，柱网呈矩形布置，
面阔 7 间 6 柱，进深 8 间 7 柱，柱位有一定偏差，柱子截面方圆混杂，柱头上部
均为双层托木，且托木正中雕有佛像。

　　殿堂四周环绕着矩形的佛像基座，北墙正中凸出放置供奉释迦牟尼佛像的佛
台，其他佛台上的佛像已毁，仅存墙上的背光。殿内望板及四周墙壁绘有精美的
壁画，保存较好（图 6-18）。殿内为石板泥土铺地，而不是常用的阿嘎土地面。

　　（5）其他建筑

　　乃举拉康。乃举拉康位于迦萨殿与白殿之间，是体量较小的独立殿堂，殿内
主要供奉罗汉像。

　　玛尼拉康。玛尼拉康，殿内设有高大的转经筒。

　　在佛殿的周边还建有拉让楼及僧舍等建筑群。位于白殿西面的拉让楼，既是

1 宿白. 藏传佛教寺院考古 [M]. 北京：文物出版社，1996：154-155.

（a）天花

（b）壁画

图 6-18　白殿装饰

托林寺堪布的住处，也是寺庙曾经的管理机构，现已成废墟。

（6）佛塔

托林寺的殿堂周边分布着大大小小的佛塔几百座，可见，佛塔是托林寺的重要组成部分。

外四塔

这四座距离迦萨殿较远的佛塔是与迦萨殿相同时期建造的，限定着寺庙的范围，与迦萨殿的内四塔遥相呼应，与迦萨殿形成了一个更大范围的立体曼陀罗。

天降塔（拉波曲丹塔）。天降塔位于迦萨殿的东北位置，原址仅存须弥座式的塔基，平面为方形，后将塔瓶复原。塔基边长约 10 米，每面正中雕刻忍冬草一束。

（a）原始照片　　　（b）现状

图 6-19　花塔

铜质灵塔（桑吉东丹塔）。铜质灵塔位于迦萨殿的东南位置，现仅存塔基，规模与天降塔相仿，塔基四角处雕刻忍冬草。塔基呈方形，边长约12米。

花塔（曲丹查沃塔）。花塔位于迦萨殿的西南位置，是外四塔中保存最好的一座塔。塔基边长近15米，平面方形，塔基每面正中及转角位置均雕刻忍冬草。塔高约15米，是现存三座塔中体量最大的。塔身设"亚"字形坛城层级，在塔身的四面设有上窄下宽的15级天梯（图6-19）。

涅槃塔。涅槃塔位于迦萨殿的西北位置。该塔的位置最接近象泉河，随着象泉河河堤的垮塌，涅槃塔被河水冲走，无法得知其形式。

迦萨殿四角塔

迦萨殿外圈殿堂的四角还设有四座小塔，保存情况较好，可看出其中一座为天降塔，其余三座为吉祥多门塔（图6-20）。四座塔的体量均等，边长近4米，塔高约7米。

迦萨殿附近的土质菩提塔

迦萨殿东面有座土质的菩提塔，体量较大，据说，塔内安放着仁钦桑布的骨灰。

外围土塔

在外四塔中涅槃塔垮塌的方位，建有数量众多的佛塔，形成"塔林"。这组塔位于现在寺庙的围墙之外，紧挨象泉河南岸，布局较分散。

一排塔墙与现在托林寺的围墙接近平行，另一排与象泉河的河岸接近平行（图

（a）外观　　　　　　　　（b）塔室内景

图6-20　吉祥多门塔

6-21（a））。《西藏阿里托林寺勘察报告》中指出，不同组合形式代表着不同的曼陀罗样式，有的是几座佛塔组成的集合(图6-21(b))，有的是散落布置的（图6-21（c）），但是，这些外围土塔的保存状况都不好，很多塔坍塌为一个土堆，只能推测出这里曾是佛塔。

（a）托林寺及塔林平面

（b）金刚宝座塔

（c）分散的土塔

图 6-21　托林寺外围塔林

3. 建筑构件及装饰艺术

托林寺这座有着上千年历史的阿里地区的古老寺庙，虽经历了改、扩建及自然、战争的破坏，但从遗留的建筑构件等元素可以看出，还是保存了一些该地早期寺庙建筑的特点。

（1）托木形式

该寺庙的柱头托木规格较小，轮廓及雕刻较简洁，且多为双层，梁端托木多为单层，且依据各佛殿的不同的尺度、不同的屋顶样式、不同的修建时间，托木样式也存在着差异。

考古学家在发掘迦萨殿时，在佛殿的范围内发现了分散的托木，均为双层，

图 6-22　早期的木构件

规格比其他佛殿的现
存托木略大,雕刻较
简单的忍冬纹图案。
迦萨殿的中心佛殿内
堆放着许多的零散木
构件,其中有很大一
部分属于柱头托木构
件(图 6-22),其表
面可能绘有彩绘,现
只留木材本身的颜色。

图 6-23　金殿柱头托木(长约 1.2 米)

　　金殿内发掘出的柱头托木亦为双层,且呈"十"字形,与其屋顶样式有关,

(a)红殿梁架托木

上刻忍冬纹图案，样式较为考究（图
6-23）。

红殿与白殿的建造时间相近，其
托木形式亦相似，只规格略有不同，
多雕刻忍冬纹，托木正中刻有方框，
内浮雕花饰。白殿内有两枚双层梁端
托木，上下层托木之间雕刻立狮图案
（图 6-24）。

（b）白殿梁架托木

图 6-24　红殿与白殿柱头托木

（2）佛像与背光

虽然迦萨殿损毁严重，但其残存的佛像基座、塔座、背光等装饰呈现出了与
其他殿堂不尽相同的艺术风格。遗址内的佛像基座立面雕刻精美，二狮对称立于
矩形佛座正面两端，中间为立士，立士与二狮之间又用立柱相隔（图 6-25），可
见该佛殿建立之初的精美及辉煌。

该遗址内还可清晰见到莲花座，莲瓣宽大扁平，并非饱满的核仁状莲瓣。佛
殿墙壁上还存有佛像的背光、头光（图 6-26）。

在迦萨殿的遗迹中亦有"腹肌隆起"的佛像残存（图 6-27），在许多佛塔内
遗存的擦擦上，亦可见到该种表现形式的佛像。

（3）壁画

红殿门廊中由十六位金刚舞女组成的壁画尤为引人入胜。这组舞女的姿态婀

图 6-25　佛像基座

图 6-26　佛像背光　　　图 6-27　腹肌隆起的佛像　图 6-28　金刚舞女

娜、身形丰腴、衣带飘舞、活灵活现，画面线条圆润流畅，表现力较强，且没有颜色鲜艳的渲染，画面较为典雅，与佛殿内的壁画风格迥异，在西藏地区极为少见，是西藏寺庙壁画中的独特代表（图 6-28）。其表现手法与汉地的壁画相似，但舞女身上的细节又带有克什米尔的风格，例如下身着薄纱裙、丰乳细腰、佩戴耳环、颈环、手环、尖角形的头冠等配饰。

第三节　科迦寺

　　科迦寺亦是阿里地区的古老寺庙之一（图 6-29），与托林寺一样都建于公元 996 年。该寺在国内外享有很高的声誉。"科迦"，藏语是"赖于此地，扎根于此地"的意思。

　　该寺坐落于阿里地区普兰县城东南约 19 公里的科迦村，海拔约 3 800 米，位于中国与尼泊尔的边境地区，是商旅和

图 6-29　科迦寺

香客出入的必经之道。据文管会的达瓦主任介绍，从尼泊尔、印度来阿里的僧人走到此地，在这里休息，便修建了科迦寺，后围绕科迦寺建成了科迦村，这个说法体现了处于

图 6-30　远眺科迦寺

边境地区的科迦寺与尼泊尔、印度之间的渊源。

科迦村选址在孔雀河东岸，环境宜人，科迦寺亦依山傍水，因地制宜。整座寺庙殿宇巍峨，风景独特，十分迷人。由于科迦寺特殊的地理位置，对于促进西藏、尼泊尔、印度等地宗教文化的交流及传播起到了极其重要的推动作用（图6-30）。

1. 历史沿革及其宗教地位

据文物普查资料记载，现今科迦寺始建于996年，由大译师仁钦桑布按照拉喇嘛·益西沃的意愿而建。最初的寺庙规模主要有两座佛殿——嘎加拉康与觉康殿，据《西藏阿里地区文物抢救保护工程报告》记载，大译师仁钦桑布在嘎加拉康的周边又修建了桥居拉康、强巴拉康、桑吉拉康、护法殿及经书殿，使得科迦寺成为一座佛、法、僧俱全的寺庙。

13世纪的古格王赤扎西多布赞德增建了扎西孜拉康。15世纪，普兰王国的势力日渐强盛，前来科迦寺朝圣的香客及僧人络绎不绝，普兰王扎西德为科迦寺添加了三尊银质佛像，称为"科迦觉沃"，可与拉萨大昭寺内的释迦觉卧相提并论，名扬全藏。

1898年，觉康殿遭遇火灾，由地方政府出资修复。1938年，孔雀河水上涨，寺庙受淹，佛像、壁画等受损严重。20世纪80年代后，政府出资对寺庙进行大规模维修。

2. 建筑及其布局

科迦寺的围墙入口朝东，院内现存两座旧殿堂——嘎加拉康和觉康殿，均为若干房间组成的复合二层多边形建筑。觉康殿入口朝北，嘎加拉康入口朝东。两殿呈"L"形布置，之间形成一个小广场，广场上有水井、经幢和香炉（图6-31）。

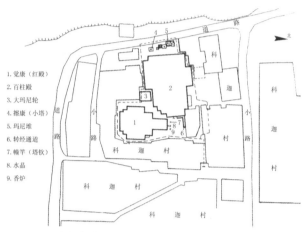

1. 觉康（红殿）
2. 百柱殿
3. 大玛尼轮
4. 擦康（小塔）
5. 玛尼堆
6. 转经通道
7. 幢竿（塔钦）
8. 水晶
9. 香炉

图 6-31　科迦寺总平面图

（1）嘎加拉康（百柱殿）

藏文"嘎加"即一百的意思，形容殿内用柱较多。该殿体量较大，包含大、小多座殿堂及僧侣生活用房（图6-32）。

从该殿堂的位置、朝向及体量上看，百柱殿应为科迦寺的主殿。据记载，百柱殿是科迦寺建造的第一座殿堂，从现殿内遗存构件、壁画等尚能看出一些早期建筑的痕迹。但由于孔雀河河水上涨、战乱及"文化大革命"等影响，该建筑已经历过多次修建，从殿内不同时代的托木中便可看出，梁柱等木构件大都经后世替换。

该殿坐西朝东，平面呈多边"亚"字形，基本沿东西轴线对称，由于后期的维修及扩建，现平面略有不对称之处（图6-33），形成在大殿周围环绕许多小佛殿的平面布局样式。

进入主殿的大门M2位于主殿东墙的正中位置即轴线上，其门框、门楣均设多层雕刻装饰，

图 6-32　百柱殿立面

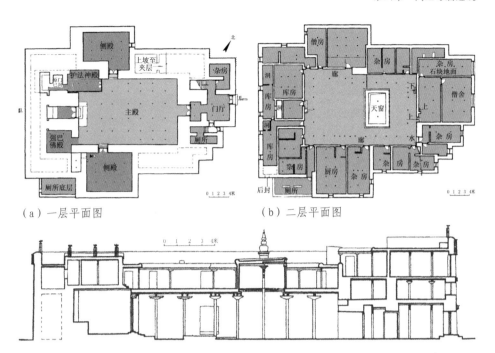

（a）一层平面图　　　　　　　　　（b）二层平面图

（c）纵剖面图

图 6-33　百柱殿

有花草、鸟兽、佛像、佛龛建筑等各种题材，十分精美。

　　每层的大门门框及门楣均雕塑细致，有狮子或佛像等图案，反映着佛教典籍中的故事情节。门框两边对称地分隔成自上而下的八个格子，每个格子中原本亦有雕刻，现已被损坏（图 6-34）。该门可能是百柱殿初建时的原物，是由来自印度、尼泊尔等地的工匠所建。

（a）大门　　　　　（b）门框雕刻细部

图 6-34　百柱殿大门

图 6-35　百柱殿梁架

中央大殿东西向长近 20 米，南北向宽约 13 米，殿内原有立柱为方柱，后期加建的柱子有方有圆，柱头托木皆为单层，方向与梁垂直（图 6-35），这与一般殿堂做法不同。推测桥居拉康、中央大殿及大门可能属于百柱殿初始建筑。如图 6-33 虚线部分墙体厚约 5 米，且为空心，笔者推测原为转经道，后期封闭。

图 6-36　释迦殿入口立面

（2）觉康殿（释迦殿）

觉康殿又名释迦殿（图 6-36），它是僧众聚集诵经的场所，该殿由一条南北向的轴线贯穿廊院、门廊和主殿三个部分。根据《西藏阿里地区文物抢救保护工程报告》记载，该殿在 19 世纪遭遇火灾，木构件被焚烧殆尽。

廊院由回廊及大殿的门廊共同围合而成，是 20 世纪 80 年代末增建的。廊院门两侧悬挑小斗栱，承载门上凸出的屋檐（图 6-37），这是卫藏地区的习惯做法。

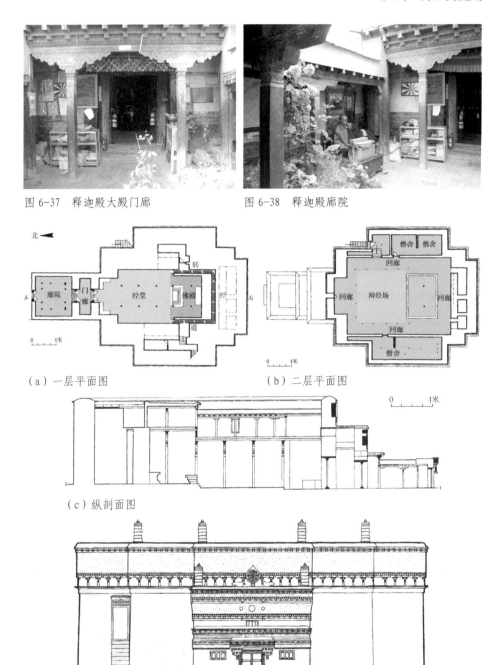

图 6-37　释迦殿大殿门廊　　　　图 6-38　释迦殿廊院

（a）一层平面图　　　　　　　　（b）二层平面图

（c）纵剖面图

（d）正立面图

图 6-39　释迦殿

149

回廊用方柱，柱上施简易的单层托木。廊内设有卡垫，供人们休息诵经（图6-38）。

主殿平面呈多边"亚"字形，亦为"曼陀罗"样式，殿身南北长约30米，东西宽约20米，殿门设于北墙正中，宽约2米。殿内经堂呈"凸"字形，南北长25米，立五排方柱，东西宽约8米，立两排方柱（图6-39）。柱头略呈斗状，其托木体量较大，形式与阿里地区早期的不尽相同，立面基本平整，仅在托木的中部有盘肠、忍冬草等浅雕，其他处为彩画。

经堂南端最后两排柱子处地面略微升高，供奉"科迦觉沃"——三尊银质佛像，形成"佛堂"的空间，墙壁上绘制的壁画年代较早。该区域还设置有U形内墙，与经堂的南墙间形成宽约半米的转经道（图6-40），从其现状来看，可能原先亦没有壁画。转经道东西两边设小门，可进入夹层或小室。从入口到第四排柱子之间形成"经堂"的空间（图6-41），地面为阿嘎土，内嵌松石（图6-42）。

该殿的立面檐部较有特色，阿嘎土墙帽下以片石出檐，片石与高1.3米的边玛草之间用两层方椽连接，边玛草下又接石板、檐椽，椽下有一圈方梁、小托木及小短柱，像在檐口及墙体之间增加了一圈束腰。

3. 建筑特点

科迦寺的建寺时间较早，经历过战争的掠夺、自然灾害的侵害，以及宗教派别的改变，佛殿亦被重修过，其建筑形式亦发生过变化。

（1）平面形制的演变

百柱殿与释迦殿为科迦寺最初兴建的佛殿，年代最为久远，从建筑现状来看，其平面形制、建筑规模及木构均经过替换或修复，下文主要讨论建筑平面形制及柱头托木的演变。

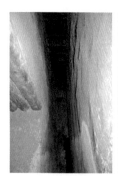  

图6-40 释迦殿佛堂转经道　　图6-41 释迦殿经堂　　图6-42 经堂地面松石

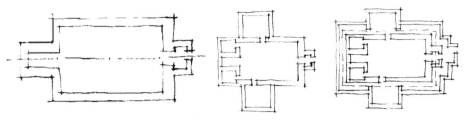

图 6-43　百柱殿平面演变

　　百柱殿的门框雕刻精美、造型复杂，笔者推测其为较古老的门框，大殿及位于大殿西墙正中的 F6"桥居拉康"的托木形式较为相似，因此，百柱殿最初的形制可能为包括桥居拉康、大殿的"凸"字形空间及门廊。随着寺庙规模的增加，佛殿增设了南、北两间耳室及西墙处的小佛殿，随后又在原建筑外墙外围增设外墙，形成了一圈转经道，并且加建了小佛殿（图 6-43）。

　　觉康殿的南、北、东的墙体亦为空心，可能情况与百柱殿相似，即是将原来的转经道封堵起来形成的。最初大殿的平面形制为矩形大殿与门廊组成的"凸"字形，后期亦在原有外墙之外增设墙体与小佛殿，形成转经道。

　　（2）柱头托木样式

　　木材在西藏的阿里地区较为缺乏，而木结构亦较难保存，经历过多次灾害的古老的科迦寺庙，其室内柱子及柱头托木大都被维修或替换过。由于材料的匮乏及寺庙的不同年代的实际情况等原因，造成了现寺庙佛殿内的柱子及托木样式不一（图 6-44），其中样式 1—5 为建寺的早期托木形式，为单层托木，受外来形式克什米尔和中亚装饰风格的影响。样式 6—7 是 18—19 世纪重修时添配的，而样式 7 形式独特，仅存 2 枚，有待考证。

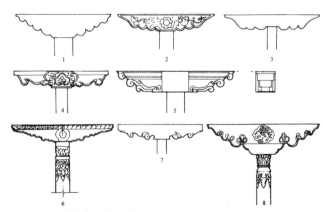

图 6-44　科迦寺托木大样图

第四节　古格故城中的寺庙建筑

1. 历史沿革及其宗教地位

据相关史籍记载，古格王朝大约建立于 10 世纪中叶，17 世纪灭亡。各类藏文文献记载的古格王国历史有些许出入，本书主要以资料较翔实的《西藏王统记》为依据。

拉喇嘛·益西沃出家后，将古格国王之位让于哥哥——柯日。柯日继位后，继续弘扬佛法，并在克什米尔修建寺院。他的儿子拉德波在位时，从印度迎请高僧素巴希及梅如至古格讲经，他的孙子绛曲沃亦出家修行，人称拉喇嘛·绛曲沃。拉喇嘛·绛曲沃遵照益西沃的遗愿，于 1042 年携黄金前往印度迎请阿底峡大师至古格传法，之后的几位古格王也十分推崇佛教，在古格管辖境内修建了多处寺庙。

直至 1624 年 8 月，天主教教徒——安德拉德从印度教圣地翻越玛拉山口，来到古格王国都成札布让。此时的古格正是藏传佛教的格鲁派取代噶举派的时期，而当时的古格国王——犀扎西巴德与格鲁派有矛盾，安德拉德便趁机取得了王室的支持，在札布让建立据点，传播天主教。古格国王应允传教士们在札布让建立教堂，并亲自为教堂奠基，国王与臣民之间的矛盾彻底激化。

1630 年，拉达克派兵攻入并统治古格，古格的历史宣告完结。

1682 年，五世达赖派兵驱逐拉达克军队，在阿里设立了五个宗。

古格王朝在西藏历史上具有极其重要的意义，其都城遗址是遗留下来的当时规模最大的一处建筑群。

2. 建筑及其布局

古格故城遗址于 10—16 世纪不断扩建而成，是一座包含宫殿、佛殿、佛塔、碉楼、洞穴等多种建筑形式在内的古建筑群，东西宽约 600 米，南北长约 1 200 米，占地总面积约 720 000 平方米。大部分建筑物集中在山体的东面，依山势而建，错落布局，星罗棋布（图 6-45）。

据《古格故城》记载："……调查登记房屋遗迹 445 间、窑洞 879 孔、碉堡 58 座、暗道 4 条、各类佛塔 28 座、洞葬 1 处；新发现武器库 1 座、石锅库 1 座、大小粮仓 11 座、供佛洞窟 4 座、壁葬 1 处、木棺土葬 1 处……"[1]，规模庞大，十分壮观（图

---

1 西藏自治区文物管理委员会. 古格故城（上）[M]. 北京：文物出版社，1991：5.

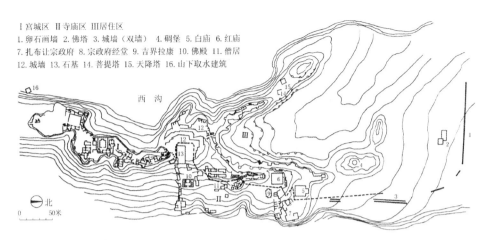

Ⅰ宫城区 Ⅱ寺庙区 Ⅲ居住区
1.卵石画墙 2.佛塔 3.城墙（双墙） 4.碉堡 5.白庙 6.红庙
7.扎布让宗政府 8.宗政府经堂 9.吉界拉康 10.佛殿 11.僧居
12.城墙 13.石基 14.菩提塔 15.天降塔 16.山下取水建筑

图 6-45 古格故城平面图

6-46）。加之其建筑材料取自周围土林的自然材料，古老的断壁残垣与山体浑然一体，整体感非常强烈。

　　整组遗址按照选址的高低不同可大致分为上、中、下三层，依次为王宫、寺庙和民居，外围建有围墙及碉楼，等级分明、防御性强。王宫建在山顶，悬崖与防护墙使得王宫成为一个险要的堡垒，堡垒附近的山体内开挖了暗道，有的暗道通向山顶，有的暗道通向西面断崖下的河边，可供取水。山坡不同高度上建造的宗教建筑、佛塔及洞窟之间，通过曲折的道路相连通，层层设防，易守难攻。当年的古格国王如果没有选择投降，拉达克的军队很难在一夜之间将其攻破，那场战争还有许多的未解之谜有待进一步的发掘。

（a）外观

（b）入口

图 6-46 古格故城遗址

（a）立面　　　　　　　　　　　（b）室内

图 6-47　白殿

（1）白殿（拉康嘎波）

　　白殿是藏语"拉康嘎波"的意译，因其墙壁涂满白色而得名（图 6-47）。其建在山脚处的一处平台上，坐北朝南，平面呈"凸"字形，面积约为 370 平方米。

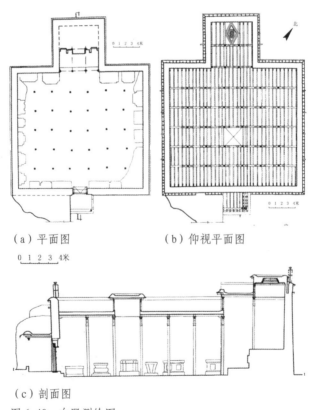

（a）平面图　　　　　　　　（b）仰视平面图

（c）剖面图

图 6-48　白殿测绘图

殿内规整地布置着36根方形立
柱（图6-48），每根立柱高约5
米、直径约20厘米，多为三至
四截拼接而成。柱头雕成束腰状，
自上而下雕刻着重莲瓣、连珠纹、
忍冬草。柱头上是轮廓略呈梯形
的单层托木，正反两面均有雕刻
图案，正中均为一长方框，框内
雕一尊坐佛，有背光及头光，框
两侧下部雕饰忍冬纹图案，以红、

图6-49　白殿托木

蓝两种颜色施以彩绘（图6-49）。托木上承东西向梁，梁上架南北向椽，梁端部
与墙交接处施忍冬纹浮雕样式的托木，椽端部与北面墙体交接处施伏狮状的托木，
其色彩亦多为红、蓝色调。

　　殿顶共设三处天窗，一处位
于殿堂中部偏南，两处呈错落式
位于北部佛堂上方，最北部的即
高度最高的天窗顶部做成藻井式
（图6-50）。天花板上绘有花
纹、龙兽、几何纹及佛像图案（图
6-51）。

　　殿内四周的泥塑佛像已损
毁，只余残存的佛像基座、小佛
龛及背光。殿内尚存佛像基座10余个，有矩形、"凸"字形、多棱"凸"字形、

图6-50　藻井

图6-51　白殿天花

图 6-52 佛座

图 6-53 红殿立面

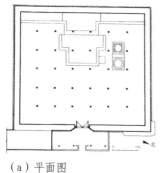

（a）平面图

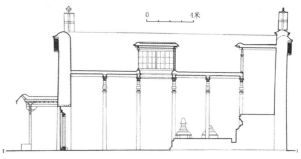

（b）剖面图

图 6-54 红殿测绘图

圆形等等，其立面及侧边转角均饰有束腰忍冬纹、莲花等精美的图案（图 6-52）。

殿门无木雕装饰，可能已不是原来的门框。

（2）红殿（拉康玛波）

红殿是藏语"拉康玛波"的意译，因其墙壁涂满绛红色而得名（图 6-53）。该殿建在一处比白殿高出 20 米左右的台地上，平面近似方形，面阔约 22 米，进深约 19 米（图 6-54），坐西朝东。

现存殿堂入口为木雕大门，门框、门板上雕刻着梵文、

（a）外观

（b）细部

图 6-55 木雕大门

人物、动物、花草等图案（图6-55）。
殿内有30根方形红色立柱，柱高近5米，
直径约22厘米。

图6-56　托木及望板彩绘

从现存实物来看，柱头及托木的
样式、颜色与白殿的大致相同，所不同
的是一些托木正中为梵文符号而非佛像
（图6-56）。南北向的梁端部与墙交
接处施忍冬纹浮雕样式的托木，上面还
刻有梵文字样。西墙正中处为天窗。

殿内残存几尊泥塑佛像、佛像基座及背光，四周墙壁、望板上绘满了彩色图案，
题材有花纹、几何图案及佛教故事。其中有的壁画反映了古格王城落成后的庆典
仪式，还有的反映了迎接高僧、宾客的场景，其中有类似尼泊尔等地装扮的宾客（图
6-57）。这些壁画为后人研究古格时期的历史提供了非常宝贵的资料。

（3）金科拉康（坛城殿）

金科拉康意为坛城殿，位于遗址山顶部（图6-58），由呈正方形的殿堂及不
规则三角形的门厅组成（图6-59）。根据相关资料记载，门厅为后来加建的，内
有两根圆柱，柱子及托木均无彩绘。柱上承双层托木，每层托木中央雕刻一个方框，

（a）佛塔

（b）庆典

（c）维修及迎宾

（d）度母

图6-57　壁画

图 6-58　坛城殿

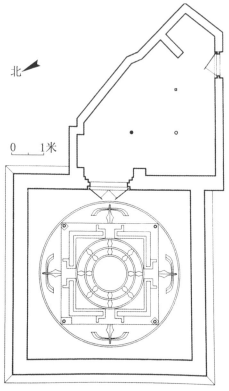

北

0　　1米

图 6-60　坛城殿门框木雕

图 6-59　坛城殿平面图

图 6-61　坛城殿藻井及天花

内饰叶瓣纹图案。

　　殿堂面积约 25 平方米，规模较小，坐西朝东。该殿木雕门框保存较好，饰有佛像、菩萨、动物及忍冬草图案（图 6-60）。殿内顶为藻井形式，底层由四根较大的方梁对接成正方形与墙壁交接，交接处施以狮形替木（图 6-61）。据记载，该殿中并无立柱，可见现梁下的六边形柱子是后加的，柱头雕成束腰状，柱上承单层托木。殿堂中间为立体坛城，现已毁坏，周边散落一些泥塑及木构件。

　　望板及四周墙壁上绘有色彩鲜艳的壁画，主要是表达天堂、人间及地狱的情

图 6-62　坛城殿壁画

图 6-63　外檐梁头雕刻

景，壁画上将各护法的大体量形象放于墙体正中位置，上下绘较小的佛像，排列整齐（图6-62）。

在坛城殿的外檐，挑出的梁头都有雕刻，除了忍冬纹图案和狮形图案，还有伽陵频伽，佛教经典称"妙音鸟"的造型（图6-63）。

（4）杰吉拉康（大威德殿）

杰吉拉康意为大威德殿（图6-64），距拉康玛波约15米。该殿堂为单层平顶藏式建筑，坐西朝东，其平面由呈"凸"字形的殿堂及矩形的门厅组成（图6-65）。

从剖面图可见，该殿的位置与上述各殿不同，是选址于坡地上，故采用了西挖东填的方法找平，东面门厅下方有两小间，据《古格故城》记载，这两个小间有直接通向地面的门。

该门厅无柱，入口木雕大门保存较好，还可见其精美的雕刻图案，有迦陵频伽、忍冬草及力士（图6-66）。

图 6-64 大威德殿立面

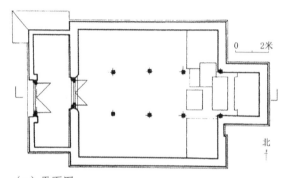

（a）平面图

北

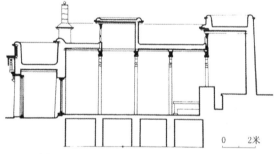

（b）纵剖面图

图 6-65 大威德殿测绘图

殿堂内有8根方形立柱，柱头呈束腰状，上承双层托木，每层托木正反面的中央雕一方框，内雕吉祥物，两侧为忍冬草，以红、蓝色调为主，南北向的梁与墙体交接的部位施以浮雕忍冬草纹的替木（图6-67）。在西墙凸出的部位放置主供佛，屋顶上部设置天窗。笔者调研的时候发现，殿堂中部亦有高起的天窗，而在《古格故城》的剖面图中未有，可能属于后期加建的。门厅及殿堂墙壁、望板均绘制精美的壁画（图6-68）。

（5）卓玛拉康（度母殿）

卓玛拉康意为度母殿（图6-69），距拉康嘎波约20米。该殿坐南朝北，呈正方形平面，开间及进深均接近6米（图6-70），规模较小。

殿内规整地排列着4根方柱，柱头呈斗状，四周雕刻忍冬纹。柱头上承单层托木，正方两面正中均雕有一方框，框内为梵文图案，框周围是忍冬草（图6-71）。该殿横梁与墙体交接处并无托木，据文物局的工作人员介绍，该殿四周墙壁的壁画因长期受到烟熏已难以辨别，后经专业人士的擦拭，才得以恢复原貌，壁画中出现了大译师仁钦桑布、阿底峡及宗喀巴大师的像，可见，该殿的建成时间在15世纪以后（图6-72）。

图6-66 大威德殿大门

图6-67 大威德殿托木

图 6-68　大威德殿壁画和天花

图 6-69　度母殿立面

图 6-71　度母殿托木

图 6-70　度母殿平面图

图 6-72 壁画

第五节 玛那寺

古格王朝的多位国王均积极弘扬佛教，在其管辖范围内大量兴建佛教寺庙。而这个时期的佛教，为了吸引信徒，多选择在民众聚集的地点建立寺庙，因此在古格都城札布让的周边便形成了许多佛教中心，例如札布让北面的香孜、香巴、东嘎、皮央，西面的多香，南面的达巴、玛那、曲龙等均是具有一定规模的，集佛教寺庙、封建领主城堡及村落为一体的聚集区域。

阿旺扎巴著作中提到的"阿里三围"最早的八座寺庙的修建时间应该均在996 年左右。随着古格王国的强盛，以及佛教在阿里地区的壮大，这些早期的寺庙得到了大规模的改、扩建，有的是在寺庙原有基础上进行，有的是在寺庙附近重新建造。

玛那寺亦是象泉河南岸的一座古老寺庙。距离古格故城东南约 17 公里处的河谷中分布着玛那遗址、玛那寺及村落，象泉河支流玛那河从东西向的河谷中流过，南北向为陡峭的断崖，宽约 2.5 公里。玛那寺建于河谷北岸平坦之处，海拔约 4100 米，与村庄连为一体。玛那

图 6-73 玛那寺及玛那遗址图

遗址位于河谷南岸土林顶部，距离村庄约 1.2 公里，距玛那河垂直高度 200 余米，海拔约 4 268 米（图 6-73）。

该寺与托林寺、科迦寺的建造年代一致，为 10 世纪。但也有文献记载，玛那寺由拉喇嘛·绛曲沃在 11 世纪左右修建。其在"文化大革命"时期遭受破坏，后村民在维修玛那寺时从该遗址取木材造成二次人为破坏。因此，笔者推断，该寺旧址与托林寺、皮央寺旧址的情况相同，建造于 10 世纪，后因历史、环境等种种原因，在旧址附近重建寺庙。

1. 建筑及其布局

玛那寺位于玛那村中，与民居结合紧密（图 6-74），现存较完整的建筑是强巴佛殿与药师佛殿，佛殿周边遗存大小几十座佛塔及佛殿或僧房类建筑的遗址（图 6-75）。

（1）寺庙建筑

该寺庙现存两座佛殿为强巴佛殿及药师佛殿。强巴佛殿坐西朝东（图 6-76），殿前有门厅，立两根圆柱。门楣及门框均刻有人物、动物等图案，门框下端刻一对立狮，面朝殿门，其雕刻方法及形制与古格故城中的拉康玛波（红殿）门框下所雕刻的立狮很相近（图 6-77）。

殿堂平面呈"凸"字形，面阔

图 6-74　远眺玛那寺与玛那村

图 6-75　玛那寺及寺庙遗存

图 6-76　强巴佛殿

图 6-77　强巴佛殿大门和门框下的立狮

两柱、约 9 米，进深四柱、约 13 米，西壁中间为向外
凸出的佛龛，佛龛墙角处设有两根立柱（图 6-78）。
殿堂内 10 根立柱均为方柱，柱上坐斗，斗上承单层托
木（图 6-79），木板上施神祇、祥兽、花卉等图案（图
6-80）。殿堂中央，即第二排柱与第三排柱之间为一
正方形天窗。殿堂内现存一幅早期壁画——大威德像，
其余为后期所绘，可见不同时期风格与色彩的不同，
区别较为明显。佛殿墙基为石块砌筑，墙体为土坯砖
砌筑，厚约 1 米。

图 6-78　强巴佛

图 6-79　强巴佛殿柱头托木

图 6-80 强巴佛殿天花

（a）室内

（b）托木

图 6-81 药师佛殿

强巴佛殿南侧为药师佛殿，与强巴佛殿相连，坐西朝东，平面近似方形，边长约 6 米，面阔两柱，进深两柱，殿内墙壁绘有药师佛（图 6-81）。

在保存较好的两座佛殿周边还分布着其他的建筑墙体遗存（图 6-82），已无法辨识其原始功能，据当地村民所述，原玛那寺的规

图 6-82　寺庙建筑及佛塔遗存

模较大，存留的建筑亦属于寺庙，有的是佛殿，有的是僧舍等附属建筑。这些建筑周边还分布着大大小小大 30 多座佛塔，有的只剩塔基部分。佛塔外围保留有断断续续的围墙，可能是寺庙原始的院墙。

（2）佛塔

玛那寺的大小佛塔分布在佛殿的周边，有 30 多座。从佛塔的现状来看，保存情况较差，大部分塔身已塌毁，有的只余塔基，露出内部擦擦等物。塔基均为方形平面，侧面转角处刻忍冬草（图 6-83）。从已毁的塔身来推测，玛那寺的佛塔中可能有天降塔、菩提塔等类型。

2. 寺庙与村庄的关系

与其说玛那寺位于玛那村中，还不如说如今的玛那村庄散布在寺庙的佛殿与佛塔之间，是一种寺中有民居的布局（图 6-84），玛那河谷两岸开凿有数量众多的洞窟，而洞窟就分布在寺庙附近。

图 6-83　佛塔

图 6-84　玛那寺周边洞窟

（a）外观　　　　　　　　　　　　　（b）周边

图 6-85　扎西岗寺

10 世纪末，象泉河的支流玛那河谷有了寺庙、城堡及洞窟组成的聚集点，即玛那遗址，后随着自然环境的改变及人口的增加，玛那遗址所处的土山已无法容纳该聚集点的人们。于是，在河谷的河岸边重建玛那寺，佛堂、佛塔、僧舍的数量增加了，寺庙的规模增大了。当时的阿里人由于建筑材料缺乏、生活习惯等原因，居住在寺庙周边的河谷两岸的洞窟之中，逐渐地，演变成今天玛那村及玛那寺相互融合在一起的布局形式。

第六节　扎西岗寺

扎西岗寺位于噶尔县扎西岗村，属于狮泉河流域范围，狮泉河经由此地流入印度境内，成为印度河的上游。这里距离首府狮泉河镇仅 50 多公里，距离克什米尔边境仅 100 多公里。扎西岗寺依地势建造在一座小山丘上，高低错落有致（图 6-85）。

《阿里史话》中关于该寺的建立时间意见不同，有说法认为该寺建立于 16 世纪末，由竹巴噶举派高僧达仓大师选择了阿里通往拉达克、巴尔蒂斯坦等地的交通枢纽——典角地方而建[1]，该说法与笔者调研的结果相近，不过尚需历史资料的进一步完善。

据说，达仓大师在建造这座寺庙时，特意从拉达克请来大批的工匠和画师，并运来所需的木料，花费数年时间，最终建成这座雄伟壮观的寺庙。随后，"大

---

1 古格·次仁加布. 阿里史话[M]. 拉萨：西藏人民出版社，2003：163.

图 6-86　凸出的碉楼　　　　　　图 6-87　殿堂

师还从拉达克的赫密斯（Hemis）寺请来十三名僧人"[1]，在此进行佛事活动。据说，赫密斯寺是达仓大师的冬季居住地，而扎西岗寺是大师夏天避暑的胜地。这两座寺庙的建筑形式、风格样式都非常相像，但各自隶属的管辖范围不同，只在宗教方面有一定的关系。

17 世纪 30 年代，拉达克的势力愈加强大，凭借武力占领了古格，直至 17 世纪 80 年代初，控制古格领地达 50 年之久。在此期间，扎西岗寺完全成了赫密斯寺的下属寺庙。1883 年，由甘丹颇章政权派出的藏蒙军队将拉达克敌军击退，成功收复了扎西岗寺。

自甘丹颇章政权在阿里地区建立噶本政府以后，扎西岗寺便从竹巴噶举派改为格鲁派，下属于拉萨色拉寺杰扎仓，其住持由托林寺的堪布兼任，寺庙的规模更为宏大。

据相关史籍记载，该寺历经沧桑，几度兴衰，曾遭受过三次比较重大的毁坏：第一次是在 1841 年，印度锡克人与西藏发生战争时，寺内所藏佛典等文物惨遭洗劫，尼姑庵庙毁于一旦。第二次是殿堂发生火灾，烧毁了殿堂及佛像等物。第三次是"文化大革命"时期被破坏。1989 年，扎西岗寺开始重建，但仍保留其原有风貌。

据笔者观测，寺庙建筑防御性很强，布局带有明显的军事色彩，亦反映出当时社会政治的动荡不安。其围墙为略呈矩形的夯土墙，围墙外为一周宽约 1.5 米的壕沟，围墙的四角设有凸出的碉楼，西南及西北角上的碉楼为圆形（图 6-86），

1 古格·次仁加布. 阿里史话 [M]. 拉萨：西藏人民出版社，2003：163.

现仍旧可见碉楼墙上开设的三角形或长条形的射孔。

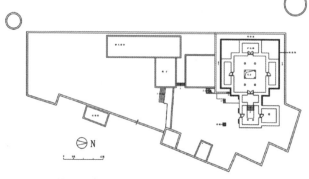

图 6-88　扎西岗寺平面图

寺庙殿堂位于围墙内偏北处，原本共有三层，有百余间大小不等的房屋，重修后其规模大大缩小，只有两层楼（图6-87），平面为"十字折角形"，门向东。现今，寺庙殿堂的主要建筑是一座八根柱子的集会大佛殿，是僧侣们诵经及朝拜的地方，面阔2柱3间，长约9米，进深4柱5间，长约10米（图6-88）。中央升起四支擎天柱形成采光天窗，以便通风采光（图

图 6-89　大殿天窗

6-89）。但已无早期的壁画遗迹。佛殿西面为护法殿，南面及北面各有一个小仓库，笔者推测原本应是两个小佛殿。殿堂屋顶覆有鎏金宝瓶，整座建筑庄严巍峨。

殿堂外环绕了一圈转经道（图6-90），这种平面布局方式具有西藏较早殿堂的特征，也与托林寺朗巴朗则拉康中心部分的设计相似。宿白先生在《藏传佛教寺院考古》中提及："此种殿堂在卫藏地区最迟不晚于14世纪，如考虑扎西岗寺原系拉达克系统，结合'15世纪初叶和中叶，拉达克王札巴德和次旺朗杰曾先后两次派人测绘此殿（托林

图 6-90　转经道

寺朗巴朗则拉康），按照其独特的模式，在拉达克兴建寺庙和佛殿'的事迹，扎西岗寺殿堂的时间或许较 14 世纪略迟。"[1]

第七节　阿里佛塔

在阿里地区，甚至整个西藏地区，凡是有寺庙或者村子的地方，随处均可见到塔。有的佛塔安置在寺庙建筑的室内，有的在室外，还有的在洞窟中，抑或是独立存在，总之，塔是藏区十分普遍的宗教性建筑。

1. 塔的分类

说到"塔"的起源，很多人都会想到印度的塔，虽然印度的塔是佛塔的雏形，但是在仿照佛塔建造之前，西藏已然有"塔"的存在。

（1）苯教塔

据说，苯教时西藏已有类似塔状的宗教性建筑，称为"神垒"，平面有方有圆，用土石垒砌。由于苯教距今年代久远，且少有典籍流传，笔者查阅了许多的史籍资料，尚未发现对"神垒"样式的详细描述。

笔者在阿里地区现存唯一的苯教寺庙内，发现该寺庙的塔为方形（图6-91）。笔者按照塔的一般组成，用塔身、塔基、塔刹来描述该塔。这些塔身、塔基、塔刹均为方形，塔基为三层，涂成红色。塔身涂白色，正面开矩形窗口，透出内部红色部分，像是红色塔刹的延伸。塔

图 6-91　古入江寺塔

刹、塔身顶部为四坡样式，塔刹上呈体量较小的铜质塔幢。由于缺乏苯教古老的塔的资料，笔者无法判断该形式的塔是否与苯教塔有一定的渊源。这种形式的塔，

---

1 宿白. 藏传佛教寺院考古 [M]. 北京：文物出版社，1996：177.

与笔者在普兰境内的嘎甸拉康山上见到的塔有一定的相似性。

（2）印度塔

随着印度佛教传入西藏，印度式的佛塔亦传入西藏地区。印度称塔为"窣堵坡"，即为掩埋佛陀或圣徒舍利的地方，意为"坟"，形状为有基座的半球形，规模较大者外围有石栏杆，栏杆的东西南北四个方位各开一门。佛教传入西藏以后，西藏工匠开始将印度或尼泊尔形式的塔与当地的"神垒"相结合，逐渐形成藏式佛塔，俗称喇嘛塔，藏语称为"曲登""却甸"等。

（3）藏式佛塔

① 按形式分类

据说，释迦牟尼的舍利被八个国王分别取去，建立了八座佛塔，分别代表其一生的八个重要转折点。西藏的佛塔仿照八大舍利塔，结合释迦牟尼佛陀的八种精神境界建造了"八相塔"（图 6-92）：

积莲塔（叠莲塔）。纪念释迦牟尼出生后行走步步生莲的故事而建。

菩提塔。纪念释迦牟尼得到成佛而建。

吉祥多门塔。纪念释迦牟尼第一次宣讲"四谛"而建。札布让寺遗址内的佛塔即吉祥多门塔，托林寺迦萨殿围墙四角的小佛塔中三座采用该形式。

神变塔。纪念释迦牟尼降服妖魔而建。

神降塔（天降塔）。纪念释迦牟尼得道后，从天上重返人间而建。例如托林寺萨迦殿周边的佛塔，塔基为方形，边长约 10 米，塔身仿照原样修复。

息净塔（和平塔）。纪念释迦牟尼劝服佛教徒之间的争辩而建。

殊胜塔（尊胜塔）。纪念佛陀自主生死之境界，祝愿释迦牟尼长寿而建。

涅槃塔。在西藏佛塔

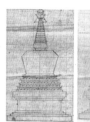

积莲塔　　菩提塔　　吉祥多门塔　　神变塔

神降塔　　息净塔　　尊胜塔　　涅槃塔

图 6-92　佛塔的八种类型

中，还有梵天塔、时轮塔等其他类型，其形制大都与"八相塔"相同。

"八相塔"在阿里地区的寺庙中均能见到（图6-93），有时成组出现，有时单独设置，笔者调研时看到该地区使用较多的为吉祥多门塔及天降塔（图6-94）。

② 按材料分类

藏式佛塔按照其材料来划分，可以大致分为以下几种。

土塔。这类塔大都是采用黏土或黏土制成的土坯砖砌筑。由于其因地制宜、就地取材，阿里地区的佛塔采用该种砌筑方式的较多，例如前文所述寺庙周边分布的成排的塔墙，其中的小塔即为土塔，有的还掺杂着石块，多数现已损毁，只余"塔堆"（图6-95）。

图6-93 阿里寺庙壁画中的八相塔

（a）托林寺吉祥多门塔　　（b）托林寺天降塔　　　　（c）古格故城吉祥多宝塔

图6-94 阿里寺庙常见塔型

石塔。这类佛塔又可细分为
两类：一是用整石雕砌的；一是
用泥土黏合片石垒砌而成。

金属塔。这类佛塔由工匠用
铜皮等金属打造，并在外表镀银
或镏金，还会镶嵌宝石等，一般
用于供奉活佛、高僧的灵骨，安
放于寺庙的殿堂内。现在，阿里
地区的佛殿内几乎都能看到金属
塔。

图 6-95　托林寺周边塔墙

（4）藏式佛塔的组成

藏式佛塔主要由塔刹、塔身及塔基构成。不同时期、不同地区的藏式佛塔不
尽相同，但其基本构成是一致的，只是各部分的形状及尺寸稍有区别。

塔基是塔的基础部分；塔身安放在塔基之上，是佛塔的主体部分；塔刹主要
由象征修成正果的十三个阶段的十三天极与刹顶组成。

塔基平面一般为方形或象征坛城的十字形，最简单的形式是一个方台，后
建成或收进或凸出的层级。塔身由最初印
度式的半球体发展到较修长的覆钟、覆钵
形，由于像瓶子的形状，因此又称为"塔
瓶"。塔顶早期用宝珠，格鲁派佛塔用日
月（图 6-96）。

2. 阿里佛塔

阿里地区佛塔的基本形式与八相塔相
同，材料则是就地取材，用当地的土制成
土坯砖，继而垒砌成塔，体现了地域特色。

（1）穹隆银城佛塔遗址

在距离噶尔门士乡的古入江寺很近的
地方有一片洞窟、碉堡、防护墙等组成的
大型遗址——穹隆银城遗址，据说是象雄

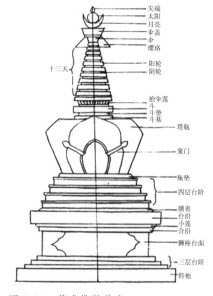

图 6-96　藏式佛塔范式

王国的都城。"穹隆"一词是对象雄文中"象雄"的藏文翻译，因此，穹隆地方很可能是象雄的中心地带。考古工作者在这里发现了一些古老的青铜器物和墓葬（图6-97）等遗迹，可能与象雄时期的苯教有着密切的联系。

随着佛教在阿里地区的盛行，这样一处大规模的人口聚集地自然受到了佛教徒的关注。在

图6-97 保存在古入江寺的出土青铜器

遗址的山脚下发现了由大大小小的佛塔组成的塔群，有的几个为一组，有的独立设置。较大的佛塔塔基高约2米，边长约4米。塔身有残留的红色，均使用土坯砖砌筑，各部分残缺不全，依稀能分辨出样式的有吉祥多门塔（图6-98）。

（2）阿里佛塔特点

土坯砖塔。阿里人利用当地的土简单成形，做成规格大小相当的土坯砖块。砌塔时，塔基底部往往先垫石块，上垒土坯砖，每2~4层不等的土坯砖用片石间隔、固定。阿里各地区的宗教遗址内发现的佛塔大都采用这种方式垒砌（图6-99）。

塔室。有些坍塌的塔基内部分隔有若干小室，之间用土坯砖垒砌的墙体分隔，每间小室内均供奉经书、擦擦等佛教用品，此种形式的佛塔可能年代较早，例如笔者调研的托林寺周边遗址内的佛塔（图6-100），塔基内部分隔着多个小室。由于尺寸较小以及担心损坏内部佛教用品，笔者未能进入，但从洞口处观察，塔基内部大概分隔了9个格子，类似九宫格的样式。各小室之间均用土坯砖砌筑的墙体简单间隔，内部的经书及擦擦暴露在外，各小室的规模相近。

塔基雕刻装饰。阿里地区佛塔塔基多为方形、"亚"字形（图6-101），塔基上装饰精美的雕刻，正面一般为海螺、狮子等吉祥图案，转角处一般雕刻一束忍冬草（图6-102）。从穹隆银城的佛塔基座看到，正面中央位置雕刻着柱式，柱头好似希腊科林斯式的花篮样式，柱身上大下小，与中亚古代柱式相似。

塔墙（却甸仁布）。阿里地区的很多寺庙设置有大约由108座小佛塔密集地排列成排的塔墙，例如托林寺、札布让寺、东嘎扎西曲林寺等寺庙周边均有塔墙，托林寺的塔墙位于象泉河河畔、札布让寺的塔墙位于佛殿北面约200米的位置，

（a）塔群

（b）单体

（c）塔内擦擦

图 6-98　穹隆银城

图 6-99　塔的砌筑方式

（a）外观　　　　　　　　（b）室内

图 6-100　托林寺山上的旧寺佛塔

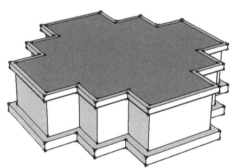 

图 6-101　亚字形塔基模型　　　　图 6-102　佛塔基座装饰图案

扎西曲林寺的塔墙位于山脚的河谷谷地。

　　108 是佛教中的一个圣数，据说，古印度人认为人有 108 种烦恼，念 108 遍经即可去除烦恼，达到圆满，因此，108 这个数字在佛教中出现得很频繁，例如佛珠为 108 颗，108 座小塔排成的塔墙代表着圆满。

　　据文物局介绍，佛塔可能由不同地方的高僧前来修建，这些塔墙好似寺庙的守护墙，有一定辟邪、防护的作用。

第七章 阿里村落的选址与布局

第一节 村落的选址与影响因素

第二节 村落的总体布局

第三节 其他附属建筑或构筑

第四节 典型村落分析——科迦村

在很多我国古代典籍里，都有先民们选择居址和规划城邑活动的理念。如"凡立国都，非于大山之下，必于广川之上，高毋近旱而水用足，低毋近水而沟防省，因天才，就地利，故城郭不必中规矩，道路不必中准绳。"[1] 中国从古至今的居址、城邑选择都体现了惊人的一致，大体的原则就是负阴抱阳，背山面水，最佳朝向为南向或东南向，这便是聚落选址的基本原则和基本格局。古代缺乏系统的规划理论研究，带有些许"迷信"气息的风水观念是其时聚落选址的重要准则，虽然其教条性被过分夸大，但是实际上它蕴含了朴素的自然观，起到了丰富传统聚落景观与保护聚落生态环境的作用。在西藏同样也存在着风水堪舆之术，藏语里称做"萨些"，它对山脉、地势、水流走向同样有吉凶之说。藏族民间古老的信仰观念认为，地美则神灵安，神灵安则子孙盛，基于此，藏族聚落当然要于山形地势中最大限度地选取优美环境，并且常常附会"吉祥"含义的解释[2]。

第一节　村落的选址与影响因素

阿里地广人稀，每一个村落皆是缩微的"都城"，且都城与村落皆是为了营造宜人的生存环境，故而在选址理念上自然是相通的。南部二县地处冈底斯山的支脉阿伊拉日居与喜马拉雅山之间，此处群山连绵，河流纵横交错，一个个村落便点缀在孔雀河（普兰县）、象泉河（札达县）及其支流两岸的河岸平原与靠河缓坡之上，如同一颗颗珍珠串联在河流的丝线之上（图7-1）。依山傍水的村落基址，使得传统村落具有天然置身于山水之间的优越性（图7-2）。

1. 村落的选址理念及类型

阿里村落分布在群山连绵的峡谷地带或河流纵横的平原地带，一般在山麓平坦地带、山腰台地、缓坡地带或山间凹地。村落选址往往又与河流有着密不可分的关系，阿里村落无一不选取在近水的地带，或者是直接亲水的河曲岸边，又或者是主支流交汇的三角地带，远者则位于靠河的山腰缓坡之上，这样既保证村落有可靠的水源，又依托河流有肥沃可耕的田地。故而阿里村落的选址皆遵循了"负阴抱阳，依山傍水"的原则（图7-3），且注重与现有地形地势的巧妙结合，求

---

1 引自《管子·乘马篇》.
2 何泉. 藏族民居建筑文化研究 [D]. 西安：西安建筑科技大学，2009.

孔雀河流域村落分布图

1.嘎尔东　2.仁贡农场　3.耳岗　4.仁贡村　5.朵巴　6.沙朗
7.多油　8.普兰县城　9.赤德　10.札丁松　11.觉各落　12.宁日
13.细德　14.岗孜　15.西德落　16.科迦　17.斜尔瓦　18.奴日

象泉河流域村落分布图

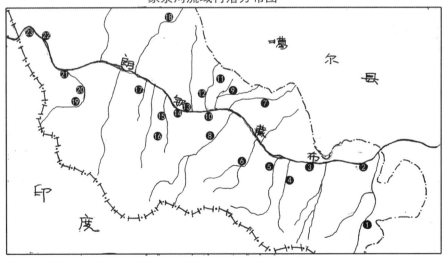

1.曲龙村　2.西兰塔　3.哈拉　4.东波村　5.久贵　6.达巴乡
7.丁香　8.玛那村　9.柏东坡　10.札达县城　11.东嘎村　12.那嘎
13.天吧　14.博依　15.多香　16.波林村　17.卡孜　18.香孜乡
19.丁巴　20.萨让乡　21.拉玉　22.底雅乡　23.什布奇

图 7-1　孔雀河、象泉河流域村落分布图

（a）札达皮央村全貌（东侧）　（b）札达皮央村全貌（西侧）　（c）札达达巴乡鸟瞰

（d）札达东嘎村鸟瞰　　　（e）普兰吉让村鸟瞰　　　（f）札达热布加林村

（g）札达玛那村鸟瞰　　　（h）札达香孜村全貌　　（i）札达底雅什布奇村鸟瞰

（j）札达底雅鲁巴村全貌　（k）普兰嘎尔东村鸟瞰（局部）　（l）普兰科迦村鸟瞰

图 7-2　村落照片

得村落与自然环境和谐共生，这和古代风水学中用"取势、纳气"的理念来选取建村立寨的"风水宝地"的理念是相通的。

阿里地区很多村落背后倚靠的山体上有密布的洞窟民居。洞窟作为一种原始的居住形态，是阿里藏族先人赖以生存的场所，每一个洞窟群落在远古时代都是一个完整的村落，而今天阿里藏民的居住形式——碉房，是从卫藏一带发达地区

传过来的。据当地村民讲解放前
还有部分人居住在洞窟之中。古
今村落并存的现象，"山上有窟，
山下有村"，遥相呼应的村落格
局，足以证明选址理念是客观存
在的，并从远古时期延续至今。
调研结果显示，皮央村、东嘎村、
玛那村、多香村、香孜乡、达巴
乡、岗孜村都有上述的格局，这
种现象绝非偶然；古今村落都在

图 7-3　依山傍水的札达热布加林村

此地选址也因其特定的自然环境——有山体和其面对开阔的河谷，具体分析如表
7-1 所示。

表 7-1 "山上有窟，山下有村"村落格局举例

村落所处的自然环境	村落总平面图	村落照片
达巴乡：洞窟群分布在现达巴乡西北面的山体南侧，现达巴乡政府就位于山体东南面的河谷平地，建筑群落东侧有河流流过		
香孜乡：山体南面的洞窟群与现在的香孜乡隔河相望，其下是缓缓流淌的河流，河流对面是开阔的平地，有现在香孜乡驻地，有沿河流走向布置的带状民居聚落		
皮央村：洞窟群分布在河流西岸、山体的东面，山体上密布着洞窟，另外还有寺庙、宗山等建筑的遗址。山下面临大片开阔、平缓的谷地，现皮央村就建在这片谷地上，谷地中的皮央河通往象泉河		

村落所处的自然环境	村落总平面图	村落照片
东嘎村：洞窟群落位于今东嘎村北面的山体的北坡上，山体北面是一片略开阔的谷地，谷地中央有一条小溪由东向西流过，至皮央村东侧与皮央河汇合后向南流入象泉河		
玛那村：洞窟群落在河谷两侧的山崖上都有分布，河谷南北宽1.5公里，谷地有平坦的耕地，村庄聚落在北面山体以下，呈片状，玛那曲位于南侧山体以下，流入象泉河		
岗孜村：洞窟群落分布在山体南侧，与现在的岗孜村隔河相望，现在的岗孜村就位于河流南岸开阔的谷地上，谷地上是肥沃的耕地，孔雀河从中流过		
吉让村：洞窟群落位于孔雀河北岸的崖壁之上，其中有古宫寺的洞窟，20世纪很多印度、尼泊尔商人居住于此，故称"尼泊尔大厦"，其下便是现在的吉让村，面临着孔雀河		

　　依据村落所处区域地形地貌的细微差别，将村落选址模式大概分为以下三种：山麓河畔型、山腰缓坡型、山间台地型（图7-4）。经过研究分析可知，普兰全县与札达县的托林镇、达巴乡、香孜乡因为多宽阔的河谷平原地带，地势相对比较平坦，故而村落的选址模式大多为山麓河畔型，交通大多也比较便利，容易到达，但亦有个别村落属山麓河畔型，譬如底雅村、楚鲁松杰村。而札达县的底雅乡、萨让乡、曲松乡多高山峡谷地貌，河谷深而狭窄，地势比较崎岖复杂，故而村落的选址模式大多是山腰缓坡型和山间台地型，交通不便，难以到达。

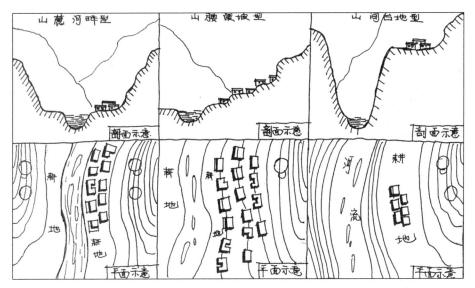

图 7-4　三种选址模式示意

（1）山麓河畔型

其空间形态为背山面水，村落建址为河流冲积形成的山麓平原地带，根据与河流的关系又可具体分为直流河畔、河曲地带、主支流交汇处三种类型。这是阿里村落选址模式中最为常见一种，孔雀河流域和象泉河上游流域的村落多是这种类型。沿着狮泉河、象泉河、孔雀河以及它们的支流，有很多村落错落有致地分布在河畔之地。一个个村落如同一颗颗珍珠，串联在河流的丝线之上，形成雪域高原最美丽的项链。这种选址模式下的村落布局往往自上而下呈现山体—耕地—居民聚落—河流的顺序，或者山体—耕地与居民聚落并列—河流的顺序。这种选址模式最为典型，该模式下的村落亦是经济最发达的，因为有便利的交通条件，和外界的交往比较便利，故而经济条件比较好，民居建筑也较为华丽，寺庙更是金碧辉煌，不似其余两种选址模式下的村落闭塞难达。

例如，札达县达巴乡曲龙村（图 7-5、图 7-6）位于象泉河畔的一块三角形状的"半岛"式的地块上。村落坐东朝西，背靠的山体就是传为象雄故都的"穹隆银城"[1]的所在。山体上洞若蜂巢，曾经是象雄人赖以生存的洞窟。据曲龙村村民讲，先人就曾经居住在里面。

1　一说位于噶尔县门士乡古如甲木寺北侧山体，被称为"穹隆·古鲁卡尔"。

图 7-5　曲龙村总平面图

图 7-6　曲龙村全貌

图 7-7　嘎尔东村总平面图

图 7-8　嘎尔东村全貌

　　普兰县科迦村位于孔雀河河曲地带，亦是背山面水，由河畔平原一直延伸至缓坡地带。著名的科迦寺便位于该村，紧挨孔雀河，周围村居以其为"扇柄"环抱之。该种选址模式多位于河水充沛、耕地富足的地带，另外由于大路在河岸边规划，居民聚落在此可享受便利的交通条件，带来良好的经济效益。村落选取河岸地带进行建设，耕地则集中布置在村落与山体之间的地带，同时也形成了丰富的村落景观。

　　又如普兰县仁贡乡的嘎尔东村，位于孔雀河支流冲积的一片平原之上，村落选址于该平原靠河的一个叶状小山的山麓地带，民居聚落并没有拘泥于面向河流，而是沿山麓的东向和南向排布，以接受良好的日照，西边紧挨河流的山麓地带则是肥沃的农田。民居聚落以山顶的嘎甸拉康为中心，呈半环抱之势，山腰上有多眼洞窟。据该村居民讲以前曾经有人居住在洞窟内，解放前洞窟曾作为饲养牲畜的地方（图 7-7、图 7-8）。

　　（2）山腰缓坡型

　　这种村落的空间形态与山麓河畔型比较类似，只是村落位置是比山麓河畔型再稍靠上的缓坡地带。河流或山涧位于山脚下，紧挨河流的往往是寸土寸金的耕

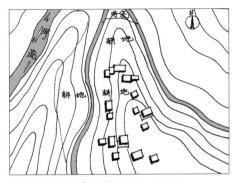

图 7-9　巴尔觉村总平面图

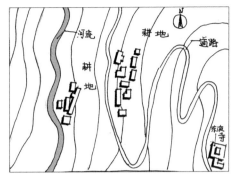

图 7-10　东波村总平面图

地。相对于山麓河畔型，该种模式距河流就较远，村落选址与河流的关系并不密切，交通状况尚可。这种选址模式的村落布局往往自上而下地呈现为山体—居民聚落—耕地—河流的顺序，或者居民聚落上下皆为耕地，整体被耕地所包围。村落内部的结构组织大多比较松散，民居群落不似平坦之地那么密集，有时连民居之间都被占用为田地。

譬如曲松乡巴尔觉村，村落坐东朝西，位于河流东面的缓坡之上，距离山下帕里曲支流约 500 米左右的距离，其下尽是层叠的梯田。民居则分散布置，民居之间的土地亦开发为耕地（图 7-9）。

又如达巴乡东波村，靠山面河，坐东朝西，居民聚落大体分为两部分，一小部分位于山麓河岸，大部分位于山腰的缓坡地带，被层层梯田所包绕。山顶台地上有当地驰名的东波寺。该村是山腰缓坡型的典型代表（图 7-10）。

再如札达县底雅乡的什布奇村，靠山面河，坐北朝南。村落规模较小，民居数量不多，大体依山体、河流走向一字散布在山腰缓坡的上方，其下至山麓地带皆是耕地。

（3）山间台地型

其空间形态大体是前两者中和的产物，这种选址模式的村落数量比之前两种都少，主要有曲松、底雅、萨让三乡的个别村落。村落位于地势较高的平坦之处，往往比前两种选址模式下的村落海拔高，水源主要靠附近流淌的山涧小河，台地多为肥沃的农田。相对于前两种，这种选址模式下的村落的交通最为不便，往往不通车，只能靠步行到达，因其距离山下河谷、道路比较远，从山下道路到村落有时甚至需要数小时的脚程。虽交通不便，但村落也自成一体，内部结构与山麓

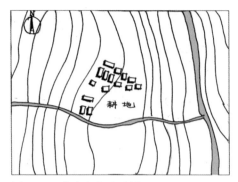 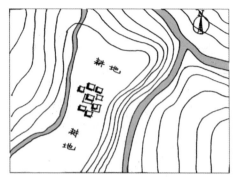

图 7-11　萨让乡总平面图　　　　　　图 7-12　脚旺村总平面图

河畔型一样比较紧密，民居建筑相距较近，因而耕地能集中布置。

譬如札达县萨让乡的日巴村，村落基址位于山间的凹地，整体比较平坦，水源全赖村落南面的溪流。民居集中布置在较高处，其下四周皆是肥沃的农田，农田依地势布置，形态较为自由。

又如萨让乡，位于象泉河支流冲出的深谷西侧的山腰台地之上，水源主要依靠南边注入支流的山涧，与山下河流有近千米的距离，但还算在该种模式中交通较为方便的。民居聚落位于村子北部，南部靠近溪流的是耕地（图 7-11）。

再如底雅乡的脚旺村，村落选址在临峡谷的高山台地，凭险而居。村落的水源依靠山顶冰雪融水形成的山涧，位于村落东边。村庄规模较小，仅有数户，集中在台地的正中央，周围皆是耕地，极难到达（图 7-12）。

2. 村落选址的影响因素

中国传统的人居环境观主要有"天人合一"的整体观念、师法自然的哲学思想、崇尚和谐的理想境界、趋吉避凶的基本原则、唯便所适的辩证思想。这种传统的人居环境观在阿里也不例外。

村落的选址往往是多种因素共同作用的结果，根据性质不同，大致有以下三种因素。

（1）自然地理

阿里地区群山连绵，河流纵横，造就了复杂多样的地形。靠山可向阳、避风，近水可有耕地、水源，而这皆是村民生活所必需的条件。故而村落基址必然与山体、河流发生关系。

　　阿里的村落选址，首先考虑的是选择避风向阳之地，充足的日照是人类生存所必需的，所以村落多集中在向阳山坡。阿里多风，因此也要躲避寒风的袭击，山麓、缓坡地带风速小，是村落集中之地，同时也可借助周边山体形成的屏障阻隔寒风，很少有村落在山顶建设，即使有也会避开风口之地。其次要注意地势的选择，当地村落多选择背靠坡度较缓的山坡，这主要是为了减少民居建设时的不便，同时缓坡和平地有较为便利的交通条件。

　　水源也是阿里村落选址最为重要的因素。村民的日常生活需要水，作物也需要水的灌溉，水源是否安全、充足，决定着村落选址的成败。另外，有些水流湍急的地方可以建设水力电站，提供电力，因此村落的选址常不约而同地靠近水源地，但同时会避开河口、谷口的位置，因为这些位置可能发生山洪[1]。

　　因地制宜、灵活建村的原则深刻蕴含着当地藏民尊重自然环境的朴素、原始的自然观念。在改造自然环境能力有限的情况下，有效的村落选址能够在原生的自然环境中尽可能多地争取到适应生存的自然要素，而选址中对自然环境的妥协既保证了藏民们的生存，又维护了生态环境的平衡，可谓是"天人合一"思想的完美典范。

　　（2）生产方式

　　札达、普兰两县地貌类型属喜马拉雅北坡与冈底斯山系之间的小型河谷平原及盆地，属于高原亚寒带季风半湿润半干旱气候，最暖月平均气温在10℃以上，年降水量400~500毫米，能种植小麦、青稞等喜凉作物，部分地区能种植温带果木蔬菜并有小片林木分布，为半农半牧经济区，也是阿里主要的农业分布区[2]。阿里南部的农业生产方式是以种粮食为主，放牧为辅。"民以食为天"，所以在确定村落基址的时候，通常要率先考虑是否有耕地、耕地安排在村落的哪个方位、耕地是否肥沃等等。另外，在西藏历史上，各地方都有政府管辖的地区，并属于某寺庙的管区，自由农民往往要给地方政府和主管寺庙缴纳各种税收，因此，旧社会时特别注重保护农田。这无形中影响了村落的选址，一些耕地资源较少的地区会让出肥沃的山麓河岸平原，将村庄建设在山腰的缓坡地带，并且将民居与民居之间的土地留作耕地，种植少量作物。比如说札达县托林镇皮央村，村落建设

---

1 毛良河. 嘉绒藏寨建筑文化研究[D]. 成都：西南交通大学，2005.
2 索朗旺堆. 阿里地区文物志[M]. 拉萨：西藏人民出版社，1993.

在离河流约 300 米的山腰缓坡地带，以下肥沃的土地则作为耕地资源。

（3）宗教信仰、社会

阿里全民信教，宗教已融入古代阿里人民的血脉，故而寺庙建筑往往会对村落的选址和总体布局产生一定的影响。一般在村落总平面图上可以看出普通民居和附近的耕地所占的面积最大，往往毗连成片，可是村落的中心却并非是数量众多的民居，而往往是村中的寺庙。它们可能不是村落的几何中心，但是在总体布局上，寺庙往往被村中的民居以各种方式形成精神上的围合形态包围，成为村落的精神中心。为了方便藏民每天的宗教活动、转经、朝拜，寺庙和民居聚落的距离一般不会太远，而村民们为了获取"离寺庙越近越可获得庇护"心理满足，也都争先恐后地将自己的民居建设在离寺庙近的地方。因此在村落选址时寺庙彰显出强大的凝聚力。

因寺建村的模式，典型的实例如科迦村。科迦村即是先有寺庙后信徒们才聚集于此形成的村庄，"科迦"一名便来源于科迦寺。村庄以寺庙为圆心，形成半圆形的环抱状，造就了以科迦寺为宗教中心的圣地。此外因寺而村的地方还有很多，譬如先有托林寺，后有托林镇。对宗教及其高僧大德的强烈崇拜，使名寺附近总能聚集起村落，寺与村的关系就是如此和谐地相互依存。

第二节　村落的总体布局

1. 布局形态

阿里村落中的民居群落布局看似随意而为，并无定式或规划，实际上蕴含了千百年来与自然共生的理念。"所有的部分都要计划，所有的部分都要设计，看似偶然形成的风格，自然发生的情理中的风情其实都是经过周密计算之后而设计的结果。"[1] 虽然阿里村落的选址一致地遵循依山傍水的原则，但是每个村落所处的自然地理条件各不相同，也就导致了各个村落都有其自身的规划布局。

具体来说，山麓河畔型和山间台地型选址模式下的村落偏重于呈组团状的紧密型布局，民居聚落往往聚集成一片或分数片布置，建筑之间距离也较近；耕地则或在其前后，或并列布置，或围绕民居聚落布置，二者之间一般并无掺合，有

1　[日]原广司. 世界聚落的教示 100[M]. 于天伟，等，译. 北京：中国建筑工业出版社，2003.

明显的界线划分。而山腰缓坡型的村落多呈松散状的布局，建筑往往建设在山坡的层层台地上，建筑之间的间距也相对较大，有些村落耕地延伸至宅间的地块。然而，无论哪一类型的布局方式，都具有一个共性——"内聚向心"性，这个"心"多是寺庙、宗山等带有政治性质、宗教性质的公共建筑。这一共性或多或少地影响了村落的内部结构和总体布局。

按照村落建筑布局的大致形态，可以将村落的总体布局类型大致分为三类——带状型、片状型及综合型。

（1）带状型村落

带状型村落指的是村落随地势或河流变化或延伸或环绕，形成带形布局的村落（图7-13、图7-14）。这种村落或沿河岸、山体走向一字排开，或以道路为轴，两侧安排建筑，故而该种村落的选址模式多为山麓河岸型或山腰缓坡型。这种村子一般规模较小，户数较少。在阿里地区典型的带状型村落主要有札达县的皮央村、东嘎村、热布加林村、香孜村，普兰县的觉各落村、嘎尔东村等。

（2）片状型村落

图7-13　觉各落村布局　主要以孔雀河西侧支流为空间轴线的带状村落布局

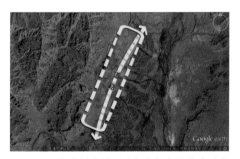

图7-14　皮央村布局　以南北走向的道路形成轴线，民居于两侧布置，形成带状的村落布局

图7-15　玛那村布局　坐落在玛那曲北岸的平原，呈片状布局，中心圆点为玛那寺的所在

图7-16　吉让村布局　综合型村落布局　箭头表示河流

片状型村落是指把寺庙等公共建筑或公共活动空间作为核心体,以一个或多个核心体为中心,采用集中布局的内向性村落。这种村落一般没有明显的单一道路穿越作为空间轴线,往往是山麓河岸型和山间台地型的村落选址布局模式。若是山麓河岸型的选址模式,则一般位于河流主支流交汇的三角地带,且居民聚落通常和耕地并列布置于河岸;若是山间台地型,居民聚落往往集中在村落中央布置,耕地则环绕在其四周。这种村子的规模一般较带状型村落大。典型的片状型村落有札达县的曲龙村、玛那村(图7-15)、达巴村,普兰县的西德落村、赤德村等。

(3)综合型村落

综合型村落是指根据地形、水系、道路等相互联系的群体组合在一起的空间形态村落。这种村落集合以上两者的特点,村子的规模一般较大。典型的综合型村落有普兰县的科迦村、吉让村等(图7-16)。

2.村落空间生成的影响因素

(1)地理因素

阿里南部地区群山连绵,村落总体布局必定要受到山体的约束。首先决定是否能够布置民居聚落、建造房屋的是山体的坡度,过于陡峭的坡度会给建造房屋造成极大的困难,也无法创造相对便利的交通条件。如果该地足以建设房屋,房屋建筑的密集程度也往往由山体坡度所决定:当坡度较大时,民居建设在层叠而上的台地之上,这样上层与下层之间建筑的距离自然较远,不会形成密集的格局,建筑之间的空地就可以开发成耕地,所以房子会显得很稀疏,这种布局往往出现在山腰缓坡型选址模式的村落;而在山麓河岸,由于有宽阔的河谷这种坡度较小的地带,耕地资源一般比较充足,居民聚落往往和耕地分别集中布置,以避免对耕地的整体性造成破坏,这种布局往往出现在山麓河畔型和山间台地型选址模式的村落。

(2)气候因素

气候条件决定了村庄选址位于向阳的山麓及缓坡,以获取良好的日照,同时山体的屏障使村庄免受大风的侵袭,此种趋利避害的因素同样在村落的整体布局上有所体现。村落的建筑往往聚集一处,很少有个别户散落在旁边的现象,这样就有更好的抵御寒风的能力。而建筑之间的距离足够密集,街巷空间不多,亦不

图 7-17　"向心力"示意　嘎尔东村民居聚落与山顶嘎甸拉康的关系

宽广，同样是为了抵御阿里冬季的大风天气。同时由于阿里太阳高度角比较高，日照时间长，相对密集的建筑组群和狭隘的街道空间尺度亦能满足遮阳的需要。

（3）宗教和社会因素

有寺庙的村落，往往以其为中心，民居建筑则环抱或半环抱之，如有"向心力"一样密集地布置在寺庙周围，形成以其为精神中心的总体格局。这样既方便管理，也有利于整体防御。譬如嘎尔东村的布局，寺庙位于小山之巅，俯瞰整个村庄，村庄则在山体南侧和东侧的山麓地带建设，形成半环绕状，造就"村落绕圣山、寺庙"的传统格局（图 7-17）。

西藏地域广袤，人口稀少，社会力量比较分散，寺庙的出现，使得这种以神圣宗教为核心的、统领村落民居而形成的绝对中心结构成为社会机制的必需和必然。因为只有宗教这种民众精神与心灵向往的力量内核，才能将社会成员及社会资源紧密联合在一起，成为一个可控制的有机团结体。

（4）节日庆典

"如同节日中的聚落的样态与平日不同一样，形形色色大事件也可以改变聚落与建筑。未雨绸缪，必须为这些时间做好准备。"[1]

―――――――――――――――
1　［日］原广司. 世界聚落的教示 100[M]. 于天伟，等，译. 北京：中国建筑工业出版社，2003.

在藏区有很多传统节日，如藏历新年、赛马节、望果节等，甚至很多村子都有其特殊的节日，它们也会影响村落的总体布局。村落为了各种节日准备出专门的场地，一块属于民众的公共的场地。例如在普兰县科迦村，科迦寺前有一个小广场，每年藏历二月十一至十五的五天是科迦饶有风味的男人节，男人们聚集于此，喝酒看藏戏，欢度属于自己的节日。在这段时间里，这片小广场便充分发挥其职能作用。又如在仁贡农场的嘎尔东村，民居环绕的小山上，除了有当地的寺庙——嘎甸拉康，还有一片空场地，是作为当地村民竖经幡等活动的聚集场地。

3. 空间节点

"节点是指城市中观察者能够由此进入的有战略性的点，是人们往来行程的集中焦点。它们首先是连接点，交通线路中的休息站，道路的交叉或汇集点，从一种结构向另一种结构的转换处，也可能只是简单的聚集点。"[1]阿里村落也存在着很多空间节点。根据其功能的不同，可以将其分为边界限定节点、交往生活节点、宗教生活节点三类。

（1）边界限定节点

边界限定节点一般位于村口、桥头等等引导的位置，会对村落的范围作出界定，一般会以具有标志性的符号出现。当本村的人看见，心理上会产生归属感，使归来的人感受到故乡的温暖。

村落的入口往往是有这种作用的空间，譬如，在普兰县入口处修建了一座上书"普兰胜境"的牌坊（图7-18），经过牌坊就来到普兰县，再往前20公里左右，到达去科迦村必经的桥梁，在此标有"科迦村"的标识，提醒外来者进入了科迦村的领地。这种空间节点起到了界定范围的作用。

图7-18 "普兰胜境"牌坊

（2）交往生活节点

---

1 [美]凯文·林奇. 城市意象[M]. 方益萍，等，译. 北京：华夏出版社，2001.

图 7-19　交往生活节点 —— 吉让民居入口空间

图 7-20　交往生活节点 —— 嘎尔东村水塘

　　这种节点往往是村民们活动、相互交往的场所，具有人性化的特点。比如村落中的茶馆和一些比较宽阔的场地，是村民们交往生活、老人谈天说地的场所；有一些村落的入口空间借助地形会形成一个半封闭的空间，也是人们休息、聚会聊天的场地（图 7-19）；此外，一些村落中有水塘，或被溪流穿越，由于水的日常使用，也常常会成为村民交往的空间节点（图 7-20）。

　　（3）宗教生活节点

　　宗教生活节点是村落中最为重要的空间节点，村民们往往对这类节点充满敬畏。这类节点因藏地普遍存在的宗教信仰而产生，让人观之即收敛内心并虔诚膜拜，它也是从事宗教活动特定的场所。

　　譬如大多数村落中都有的经幡塔、转经廊、玛尼墙，村民们在这些场所完成自发性的宗教仪式，村中的老人时常来此转经、膜拜、祈祷（图 7-21）。实例如玛那村玛那寺周边的喇嘛塔、玛尼墙，即是进行日常宗教活动的空间。还有承担较大宗教活动的场所，如科迦寺庙前的小广场。

图 7-21　普兰嘎尔东村转经老人

4. 边界

每个村落之所以有其自己独特的名称，除了自身聚落形成的聚集状态，还有其有形的或无形的边界。有形的边界在上文边界限定节点中已经谈到，它往往容易被我们所注意，从而产生心理暗示；无形的边界由于不具备实体特征会被外来者所忽略，但当地人却会有一种强烈的心理感知。

（1）有形的边界

有形的边界往往作为视觉元素而存在。譬如进入村落的道路和桥梁、村落面前流过的河流、包围村落的山体等等。大多数情况下，有形的边界起到了一个限定的"框"的作用，譬如人们会说"前面山坡上那个就是某某村"。

（2）无形的边界

无形的边界则是来自于村民内心深处的感觉和认知，还包括意识形态。比如宗教，每个村子都有宗教信仰，在阿里不仅有藏传佛教，还有小部分人信奉西藏的原始宗教——苯教，不同的村子又有自己祭祀的"赞"神，不同信仰的村落本身就横亘着一条无形的边界。

第三节　其他附属建筑或构筑

在阿里的村落中，除了以上有实际功用的建筑外，还有一些作为这些建筑附属的简易构筑物，这些构筑物可以说是民居与寺庙宗教文化的延伸，不仅丰富了村落的景观，而且造就了浓厚的宗教气氛，体现了独特的民族风格，使整个村落更具民族气息。产生这一切异于其他民族的文化现象的根源可归结于藏民族对于大自然的看法。在蒙昧的年代，出于对自然现象的不解和畏惧，藏族人民将自然环境譬如山峰、湖水、河流等与神灵组成相互渗透的联系，形成了原始朴素的"自然崇拜"观念。这种观念也是藏族宗教的源流以及藏族传统文化的起点，它直接或间接地对藏族生活方式和建筑营建过程产生着深刻的影响，可谓西藏建筑艺术形成的观念原型。阿里藏族的自然崇拜多种多样，主要包括神山崇拜、灵石崇拜、水崇拜、土地崇拜等等。

阿里高原山脉众多，有喜马拉雅山脉和冈底斯山两大主体山脉，其中最为著名的便是被藏传佛教、印度教、苯教和耆那教四大教奉为"神山"的冈仁波齐峰。因具有高大、耸立的体态，冈仁波齐峰被认为是最接近天神的地方，成为藏民们敬畏和崇拜的对象。在西藏的山体、崖壁之上常常绘有梯子状的图案，这是因为山被藏人认为是连接天地的阶梯，以此来表达对山的崇拜。

长期以来，冈仁波齐就流传着尊者米拉日巴和苯教巫师纳如本穷斗法的故事，最终米拉日巴胜出，冈仁波齐便成为名副其实的佛教圣地。13 世纪，直贡噶举派的创始人吉丹贡布先后 3 次派遣僧团前往此地的洞窟修行，尤其是第三次派遣的僧团更是达到 5 万多人。据称当时冈底斯附近几乎所有的洞窟都被藏传佛教的苦行僧占据。

阿里藏族文化中圣湖与神山组成一种神的体系，譬如普兰县境内的冈仁波齐与玛旁雍错。玛旁雍错盛名远播，在诸多古经书中，它都被称为"圣湖之王"。在唐代高僧玄奘所著的《大唐西域记》中，称玛旁雍错为"西天瑶池"。另外，以冈仁波齐冰雪融水为源的"四大圣河"——狮泉河、象泉河、孔雀河和马泉河养育了四大河流域广袤土地的人民，孕育了沿河两岸灿烂的古代文明，堪称阿里高原人民的母亲河。

灵石崇拜实际上是对"缩小"的神山的崇拜，往往以玛尼堆、玛尼墙的形式出现。在阿里的村落中，我们常常可以看到用雕刻着"六字真言"、佛像等的玛尼石堆砌而成的构筑物，安放玛尼堆的传统来源于苯教，传说战神就依附在玛尼石上，是"战神的堡寨"，有些玛尼堆上会插树枝、经幡等物，高高矗立，直通青天，象征着宇宙树，祈祷战神保佑胜利。另外，在院门的门头，院墙的拐角上面都会放置石头，起到驱鬼辟邪、保佑平安的作用。除了在村落中，荒无人烟的山道上，也会有玛尼堆，这里的玛尼堆除了传达宗教的含义，还能起到路标、地界的作用。

阿里藏民的生产方式是农牧结合，故而藏民们对于他们赖以生存的土地有着深厚的感情，同时认为，万物生长的土地寄托有尊敬的神灵，唯有对其恭敬有加，并时常进行祭祀活动，才会博得神灵的欢心，神灵才会赐予良好的收成。传统节日"望果节"就是为了祭祀土地而形成的节日，望果节可译为"在田地边上转圈的日子"，每至该节日，人们在田边地头供奉各种食物祈求土地神保佑五谷丰登。建造房舍之前，也要请法师或高僧选择地基、念经祷告，请求土地神赐予土地。

1. 玛尼堆

在阿里藏区的村落里，玛尼堆是比较常见的（图 7-22）。玛尼堆是使用刻有

（a）科迦寺玛尼堆　　　　（b）玛那村玛尼墙　　　　（c）吉让村玛尼墙

图7-22　玛尼堆和玛尼墙

佛像、六字真言、经文等的卵石、石板堆成的，有些上面还放置牛头。玛尼堆的造型多种多样，除了呈堆状的，还有长条的类似城墙一样，也有在长条墙基上由一座座石板垒成尖子形、砌成塔墙的样式。石堆的形状和规模都没有明确的规定，主要由空地大小、转经路线的舒适和便利、建造者的经济条件和劳动力等条件来确定。玛尼堆主要分布在寺庙的转经路上、村庄的路口、草原的路边，还有就是便于转经的空地或者较为重要的村界和草原分界处。在阿里札达、普兰的村落常见的是玛尼墙的形式。比较典型的有札达县玛那村玛那遗址的玛尼墙，以及村子中间遍布着的玛尼墙和塔，它们与玛那寺一起形成了玛那村的宗教圣地。还有普兰县贡布日寺下的村庄，沿路中间放置一条玛尼墙，村民在出入时总能感受到浓厚的宗教氛围。

　　玛尼堆是藏族村落中必不可少的标志性建筑，它的产生和存在同藏民族的习惯和宗教信仰紧密地联系在一起，在藏族生活中占有重要的地位。村民们在转经时，看到玛尼石刻上的佛像和六字真言，口中诵经，心中念佛，使转经仪式更显庄严而神圣。

2. 风马旗

　　风马旗又称玛尼旗、经幡等，或音译为隆达、龙达，指在藏传佛教地区将各色布条写上六字真言等经咒，捆扎成串，用木棍竖立起来的旗子。现在样式更多，出现的地方也更多，高山顶上、山间小道、建筑屋顶、房前屋后、寺庙边的空地、河边和桥上都可看到。

　　根据风马旗组合、放置方式和位置的不同，大致可以将其分为四种类型：①悬挂式，一般呈现水平横向放置的态势，位置一般在桥头，山林之间，或隧道路口等等，长短不定，依地势而行，有些近逾百米。悬挂式风马旗有疏有密，密

图 7-23　山顶上的经幡塔　　　　　图 7-24　玛旁雍错湖边的经幡

者数百层叠置，密不透风；有些则既长又密，组合成了体量巨大的经幡城，经风一吹，猎猎飘扬，观之颇具宗教气场（图 7-23）。②插挂式，这种风马旗的体量一般较小，是在竖长的杆子上缀上数个印有风马旗图案的竖长方形的纱布或丝巾，主要插在建筑屋顶的四角，在藏区随处可见，另外也会插在路口、山顶之上。③经幡塔，这种形式就是将经幡层层系挂，形成撑开的伞状，观之像是五彩的喇嘛塔，这是几种类型中最为美观的（图 7-24），一般出现在村子内的空地上，用做集体祭祀的场所，或者神山、圣湖边上，主要是供转经者或行人经过时将哈达系于其上，以祈福保佑。④立柱式经幡，这种形式是将高大立柱立起，以系挂风马旗的长条连接杆体，并在地上固定。这种形式常见于寺庙院内、山顶上，有时也会出现在神山、圣湖边上，其形制巨大者高达数十米，如冈仁波齐神山下的经幡柱等，柱顶装饰有铜铸镏金日月、宝瓶、五彩华盖、牦牛尾，然后就是数十米长条的风马经幡，在风的吹拂下发出哗哗的巨响[1]。

　　风马旗是宗教的物化，在历史的流逝中成为了藏民族古老的风俗习惯，如曲龙村寺庙旁边空地上的经幡塔，既是村民们对宗教信仰的寄托，也是集体祭祀的场地。

3. 转经房和转经廊

　　转经是藏区特有的一种宗教活动，即围绕着某一特定路线行走、祈祷，譬如转山、转湖、围绕寺庙转。在阿里，冈仁波齐和玛旁雍错久负盛名，被藏传佛教、

---

1 根据风马旗 [EB/OL]. http://www.chinaculture.org 整理

（a）寺庙转经廊　　　　　　　　　　（b）普兰县城转经廊

图 7-25　转经廊

苯教、耆那教、印度教四大教奉为神山圣湖。每年有大批的香客来此转山转湖，除了对神山圣湖的崇拜，转山转湖也有着明确的动机，这是非常有意味的佛教本土化的表现，据称，转冈仁波齐一圈，可洗清本次轮回中的罪孽；转十圈，可洗清一"该巴"（劫）罪孽；转百圈的话，今生便可成佛。

　　需要说明的是，这里所谈的转经轮并非是藏民们手持的转经筒，而是以固定的构筑物存在的。在村落中，常常出现的形式是转经房和转经廊。转经房比较简单，能遮风避雨即可，面积大小除了要满足转经轮的放置，还要留有让转经者转圈的空间，所以方形平面是最合适的，以4米到6米见方为宜，墙体也是一般的石墙或土坯墙，层高一般在4米高，该建筑一般不设窗户，即使有也不会太大，因为除了满足通风换气的要求，这类建筑没有采光的需要，里面设置大型的经轮，靠人力或其他动力转动。转经廊则是由多个转经筒排列而成，有的紧挨墙体，在墙体开槽设置；有些则安置在木质的架子上。转经廊常常在寺庙四周，或者在村落特定的路线，常常和玛尼墙并列设置（图7-25）。

　　藏族人民潜心向佛，每以虔诚的心转动一次转经轮，可以得到相当于念诵一次大明咒的功效。笔者在阿里调研期间看到，村子里很多老人凑在一起，一边转动经轮，一边转圈，他们还一生的心愿，祈祷来世更加幸福美满。在这种精神的鼓舞下，一天不知道转了多少圈，走了多少路，不仅得到精神的安慰，又锻炼了身体。

4. 煨桑炉

煨桑是用松柏焚起袅袅烟雾，是藏族祭祀天地诸神的仪式，可以说是藏族先民火崇拜的表现形式。每逢节日庆典或宗教活动，藏民都要在路口、山口、湖畔等场所燃烧带有香味的易燃灌木，并加入青稞面、酥油等，以"桑"祭祀神灵，把人间美好的祈愿都传递给神灵，从而达到诸神欢喜、人人幸福的美好结果。

在藏族地区，除了寺庙之外，几乎每家每户都设置煨桑炉，或者在村口处，在河流、水井旁边，或者在院子中央、屋顶依山处。不管在什么地方，都是经过精心选择的最洁净之处。煨桑炉形状多样，以宝瓶状居多，制作工艺依据家庭经济状况也有区别，好一些的用石头砌筑，刷以白色涂料，简单者将坛子底敲掉就能可以代替。

煨桑炉是阿里村落中很常见的构筑物，它是宗教活动必不可缺的东西，亦是乡土建筑不可或缺的部分。藏民们一心向佛，村落的宗教气候极为浓厚，当袅袅轻烟升起直达上天时，藏族人民同时将自己的美好愿望诉诸天神，希望作物收成好，家人和自己平安，生活幸福。

5. 喇嘛塔

喇嘛塔在阿里的村落中也是比较常见的（图 7-26），它是一个富含多种宗教文化意义的集合体。喇嘛塔由塔基、塔身、相轮三部分组成，塔基一般为十三层，其基座向内收分；塔身如瓶，平面呈圆形；相轮有十三层或者二十层，向上收分，之上有伞、伞盖、月亮和太阳等。其中十三是佛教中的一个吉祥数字，塔身形状来源

图 7-26 玛那村喇嘛塔

于八宝吉祥图中的宝瓶，伞也是源于八宝吉祥图，日月则来自于自然崇拜[1]。

---

1 毛良河. 嘉绒藏寨建筑文化研究 [D]. 成都：西南交通大学，2005.

村落中的喇嘛塔一般比较小，形制也比较简单，有些布置在村口，村民的进出都能看到，这样就能时常保持一颗虔诚膜拜的心；有些位于俯瞰村落地势较高的地方，这类喇嘛塔一般形制较高，常常挂有经幡，可以祭拜或者绕着转经，在没有寺庙的村落常常成为拜佛的精神活动中心之一；有些喇嘛塔则建在寺庙附近，与寺庙形成一体的宗教圣地，村民在进入寺庙添灯拜佛的同时，可以绕着喇嘛塔转经。

第四节　典型村落分析——科迦村

1.科迦村概况

科迦村位于普兰县城南边，距离县城约20公里，是一座依山傍水的大村子（图7-27）。选取科迦村作为阿里村落的典型代表，其主要原因是：人口比较集中；村庄中有寺庙，宗教、文化气氛都非常浓厚；交通比较便利，村庄紧邻公路；与尼泊尔接壤，在村庄的山头就能看到尼泊尔的村落，有来自异域文化的影响。

（1）自然环境

科迦村位于孔雀河东岸，这里正是河流拐弯的河曲地带，土地肥沃，水源充沛，受到孟加拉湿润空气的影响，形成了宜人的高原小气候。该地区属于高原亚寒带干旱气候区，相对于阿里高原整体的气候而言，科迦所属的孔雀河流域是最为温暖湿润处，气候温和，日照充足，年温差、日温差较大，年平均温度为0.2℃，

图7-27　科迦村全貌

年极端最低温度 -29℃，年平均无霜期达 119 天。年平均降水量为 153 毫米，7—8 月降水偏多，占总降水量的 30%，8 月之后降水逐渐减少。农作物种植区土壤以高山草甸土、山地草甸土、黑钙土等为主，土质肥沃，富含有机质、氮、钾等，适宜种植冷凉作物。科迦村坐落在孔雀河沿岸一块宽阔

图 7-28　科迦村周边环境

的适宜农耕的山坡河谷地带，山麓与缓坡地带分布着大片的耕地，科迦村物阜民丰，全赖于奔流不息的孔雀河。村落四周被群山环绕，山势多险峻陡峭，村子斜对面是被科迦村当地奉为"长寿女神雪山"的康次仁雪山（图 7-28）。

（2）人文背景

科迦村的由来。科迦，藏语是"赖于此地，扎根于此地"的意思。关于"科迦"之名有一个生动有趣的传说，该地原名为"杰玛塘"，原本是人迹罕至的荒凉之地。一位大师携其徒弟在北面山坡上修行，每到傍晚徒弟下山打水，总会看见一点亮光闪耀于杰玛塘中央。他将此事告知师父，师父猜测乃是圣物降临，二人前往发光之地查看，原来发光点乃是一块圣石。大师断定这就是阿米里嘎石块（现在在科迦寺中就供奉着这样一块石头），预示该地将成为圣地，有一护法大神将来。

后来一任普兰王想塑造世间罕见的护法神——文殊菩萨像，便在中尼边界的谢噶仓林找到当地最负盛名、技艺精湛的手工匠人塑像，佛像塑成后还请来道行高深的大译师仁钦桑布为其开光，最后用一辆木轮车将此塑像运往噶尔东城堡。一路上路途坎坷，密林、雪山、冰川、高山皆不能阻挡其前行，抵达阿米里嘎石块发光之处——杰玛塘时，运送塑像的木轮车的车轮被卡，护法神文殊菩萨像开口说话，言称"我有赖于此地，并扎根于此"，便不再前行。从此杰玛塘便被称为"赖于此地，并扎根于此"，藏语就是"科迦"。此地又修建了科迦寺，而后周围散布的民居投奔寺庙搬迁而来，科迦村就因寺而得名。

科迦村的节日。科迦村虽小，但是除了一些藏族普遍的节日，还有其当地独

享的节日，譬如前面介绍的科迦男人节。此外科迦最为盛大的节日当属藏历元月十二日庆祝科迦寺建寺的节庆，在当地的重要性相当于拉萨传召大法会对于整个西藏的重要性。科迦寺建成之时正值盛夏农忙时节，不可能聚众，便将节日改为冬季农闲的元月。届时普兰及周边民众皆着盛装前来参与祭祀和观看神舞、藏戏。节日上除了有神圣庄重的宗教舞蹈，还有群众歌舞。届时村民们手拉手围成大圈，跳古老的"玄"，唱古老的歌，共同享受节日的气氛。宗教舞蹈神圣庄重，内容多为正义之神驱鬼除魔的过程，且要持续多天，而群众歌舞则自由欢乐，重在共享欢聚时刻。

科迦人的生活节律。科迦村的生产方式是农牧结合。1—3月，主要从事垫圈、农闲积肥和欢度藏历新年，牧业上则接羔育幼；4—6月正是农忙时节，要翻地、浇水、施肥；7—8月要给作物除草、施肥，牧业上是剪毛、抓绒，需要特别强调的是，这几月也是与尼泊尔商业贸易、互通有无比较旺盛的时节；9月收割作物；10月打场；11、12月则是农闲时节。科迦人放牧并非家家亲自都去，通常是亲戚朋友间自然组合，代为放牧、待打酥油。另外，亲朋之间帮工换工更是普遍，据当地人讲，科迦人盖房不必打招呼，一听说谁家要盖房子，全村的劳力都会赶来帮忙，一幢新房很快就能平地而起，这是科迦特有的优良传统。总而言之，科迦人在有序的生活节律上，建立了互相信任、团结一致的基础，这同时也体现了藏民族聚落里常见的极强的向心力。

2.科迦村聚落与民居

（1）总体布局

科迦村的居民住宅并无事先的统一规划，民居散布在孔雀河河曲东北的地块，按照其集中的态势大体可以分为两部分，一部分在紧挨河流的较为平坦的地带，以科迦寺为中心做环抱状；另一部分则分布在缓坡地带，沿山势自上而下排布，被两侧的大片的耕地所夹，形成自山势而成的狭长地块，另外西北的山腰散落地分布了几户人家，再往上就是该村赞神"加日布休丹"的庙宇（图7-29）。

科迦村民居的分布看似比较随意，没有什么规律，但实际上每一户都是经过精心选址，皆依地势而建。一般来说，传统种植业的耕作半径大约为2～3公里，畜牧业劳作半径大约为4~5公里[1]。所以除了受到地形地势的约束，民居分为两部

---

[1] 何泉. 藏族民居建筑文化研究 [D]. 西安：西安建筑科技大学，2009.

图 7-29 科迦村总体布局

分集中建设，也是为了尽可能地靠近两侧的耕地，方便劳作和看管。另外，山上的土质比较疏松，没有什么植被，山顶的冰雪融水向下流淌形成了多条小溪，而溪流之间刚好形成了一块狭长地带，作为民居建设用地，这样既有效地节约了土地，也接近了耕作用地，同时将村庄融入美好的田园环境当中。

村内的道路除了联通县城和尼泊尔边境的公路在河边经过外，并无其他明显的道路系统，山下部分在民居之间自然形成通行的道路，山上部分则沿自上而下的溪流冲沟旁边自然形成道路。

（2）建房习俗

科迦村各户建房之前，与藏区其他地方无异，都要请喇嘛前来占卜并预定出建房过程中每个环节的时间，以免时日不合触怒到神灵，这样就能保佑家庭的幸福平安。这是追求天人相合的心理补偿的体现。在科迦村，所有的民居朝向东南，在此东南向是最佳的朝向，从自然环境上讲，能最大程度地接受阳光，而从心理补偿的角度上，东南是科迦寺的方向，又是康次仁雪山的方向，可以满足村民持续地对寺庙、神山的顶礼膜拜。

房屋的选址遵循顺应自然地原则，忌在有树的地方动土，因为藏族有植物崇拜的传统，认为树可能寄托着神灵。在旧房址建设新居，各个环节的准备更少不了，且要慎之又慎，必须要请喇嘛前来占卜做法，以获取神灵的准许，因为原来的"家神"很有可能寄居在此地。

建造房屋是科迦村家庭的大事，往往要花费家庭若干年的积蓄，要请当地的石匠、木匠师傅和邻居们共同帮忙建造。石匠在建造过程中作为总管把控总体，可以说是房屋设计的"总建筑师"，当然也要和"业主"商议来决定房屋的样式，故而石匠、木匠等技术工人是要收取一定的酬劳，而亲戚朋友、邻居则是义务帮忙，同样，前来帮忙的人家中建房时，该屋主也有义务前去相助。这种"换工"行为拉近了和邻居的关系，同时也促进整个村子的和谐，并有助于施工工艺的传承。村庄里大部分民居的形式比较相似，这是由于藏族民居营建中素有"取样"的传统，就是按照建好的别家民居根据自家基址状况和经济条件进行简单的调整。长此以往，建筑工艺日趋成熟，从而使建筑形态趋于稳定。

（3）民居空间

科迦村的民居和其他地方的藏族民居一样，都是以实用为最首要的原则。绝大多数民居为两层碉房，朝向均是东南向，朝向科迦村民集体崇拜的宗教圣地——科迦寺（图7-30）。房屋的形状比较简单，一般都是长方形或方形平面。底层作为牲口圈和储藏，二层则是主要居室和经堂（图7-31）。

院落。科迦村民居形成了以内向型院落组织居住单元的空间模式。院落一般布置在民居建筑主体前面，大多是矩形，如有地形限制，也会随地形布局成其他形状。各家各户都会在院落中养一些花，有些还会自己建造小温室，在里面种菜。

图7-30　朝向科迦寺的坡地民居

图7-31　联系上下层的独木楼梯

这样就起到了美化环境和改善小气候的作用。封闭的院墙除了有物理防御功能，还因其常常承载的宗教符号有心理防御的效果，譬如院墙上绘制雍仲、日月等图案，转折处放置玛尼石，这些都能起到驱鬼辟邪的效果。院门是民居空间与外部世界连通的重要通道，故而院门的营建更加重要，通常高出院墙1米左右，并做成"凸"字状，同时在门头放置牛头，以驱鬼辟邪。

居室。科迦村民居的居室一般为一柱间或两柱间。主室在二层南向，开有大窗以接受更多的阳光，而其他三面一般不开窗，或者开小窗，以减少外墙的热损耗。居室内沿南墙摆设藏床，藏床前放置藏桌，北面摆放藏柜，上面摆放一些铜壶或其他铜制炊具，以彰显家庭的经济实力。整个室内家具南低北高，有利于阳光进入室内。

经堂。经堂是民居中很重要的空间，基本都设置在二层较好的房间，靠北墙通长摆放藏柜，柜子上供奉佛像、香烛、法器等。大多在四周绘制彩画，装饰华美，充满了浓厚的宗教神秘气氛（图7–32）。

图 7–32　二层经堂

厕所。科迦村民居的厕所设置的位置不定，新一些的民居往往独立安排在院落的一角，老一些的则是传统的藏式厕所，设置在二层北向的房间，粪坑则在下面一层，对外设置排粪口，在有些退台式的民居中，蹲坑就在屋顶平台上，形成露天的厕所。

3.科迦村乡土建筑文化特征

（1）生态性的人居环境

科迦村三面环山，面临孔雀河，聚落就位于被山体所环抱的山麓河曲之上，与自然山水融为一体，具有良好的闭合尺度和相对均衡的小气候，可以说是一个由山水限定出的适宜的人居单元。科迦村的民居建设充分地尊重地形地貌，体现出良好的生态适应性，每一户民居皆是因地制宜、依山就势，道路系统则就地势沿溪流自然形成。这样的营建方式最大限度地保护了肥沃的耕地，同时也有利于维护山地地表水径流的自然规律，起到保持水土的作用。

藏民们有自然崇拜的思想，周围的山山水水都被赋予了神灵。孔雀河作为科迦人民的"母亲河"被村民们奉为圣河，在河边还有耕地田头都修建了煨桑炉，时常煨桑祭祀，就能保佑来年好的收成和全村的民众幸福安康。这些构筑物使整个村落的宗教气氛更加浓厚，亦是村落独具特色的景观节点，同时提醒村民们要尊重神灵、敬畏自然，以达到与其和谐共生的目的。故而在营建活动中十分重视对自然资源的保护，动土前请科迦寺的僧人前来念经祭祀，请求土地神赐予土地。当有自然灾害发生时，村民们也会归咎于是破坏自然环境的行为所致。这并非是迷信，而是植根于自然崇拜思想的一种朴素的生态保护观，这种观念使科迦人爱护他们生存的每一寸土地，维护了科迦的生态平衡。

（2）向心型的聚落文化

科迦藏民们都信奉藏传佛教，认为生命处于六道轮回之中，血缘传承的观念比较淡薄，不似受到儒家思想影响下的汉族，十分重视宗族血缘关系，相较于学院传承藏民们更为重视人与神的关系。在汉地村落中，村民往往是聚族而居，村落的总体布局以祠堂为中心进行布局。藏族村落则有赖于地方神凝聚力形成神崇拜意识上的引力场，地方神的祭祀场所一般都在地势较高处，这样可以离天神更近，同时居高临下地俯瞰整个村落，方可使神的恩泽降临至每家每户。科迦村就是如此，当地乡土神——加日布休丹的庙宇就在村子西北面高高在上的山坡上，乡土神就是地方保护神，藏语曰"赞"，主管人世今生、护佑村庄部落。它的功能与汉地村落的宗祠相似，都起到凝聚人心的作用和上通下达、沟通天神的作用。

"赞"神可以说是村民们急功近利、现世现报的神，因而要格外小心侍奉。平常的日子，每月上山供奉一些青稞。到藏历二月初十则是一年一度的奉祀地方神的大节，届时全村的家长们齐聚土地神庙，向名曰"加日布休丹"的赞神焚香顶礼。这种仪式旨在请求神谕，预言今年的收成情况及将发生的灾难。这一节日使村民们建立了和神的密切关系，并获得了受神保佑的心理慰藉。

如上所述，地方保护神崇拜现象遍及藏区，这有些像汉地的土地神。地方神的存在不仅划定了村落的隐形边界，而且确定了它的秩序。这种秩序即该赞神所辐射的村落人群应具有相同的价值观念和生活方式，并且需遵守相同的宗教禁忌，从而形成了类似汉地村落的村规乡约从而与其他村落区别开来。供奉地方的神祇行为以不成文规定的形式固定下来，凝聚了村民的思想和行为，由此圈定一个统一的地域共同体。

（3）双核心的空间形态

科迦村体量最大，最为显眼的建筑当然是远近驰名的萨迦派寺院——科迦寺，它与山坡上的赞神庙宇成为两个宗教中心，在规模和位置上对村落起着控制作用。红色的科迦寺位于孔雀河畔的一块台地上，周围被白墙黑边的民居所环绕；加日布休丹的赞神庙宇则

图 7-33　科迦村的双核心形态

位于山腰上部，村子的最上方，可俯瞰整个村落（图 7-33）。

在科迦村中不事耕作和放牧的老人们每天都会到科迦寺转经，他们手持小的转经筒，同时拨动转经墙上的转经轮，为世间众生的福祉而祈祷，而对赞神的祭祀则带有明显的功利色彩，主要希望家人平安，庄稼收成丰厚。总结而言，科迦寺的菩萨超度亡魂，导向来世；乡土赞神则为护佑人世今生，护佑村落。这两个宗教中心分别反映了人们的两种需求——精神的和现实的，不同程度地起到了凝聚村落的作用。

科迦寺与赞神庙宇在科迦并存且不相悖，这种现象是作为"大传统"的藏传佛教与作为"小传统"的地方神灵在西藏和谐共生的一个文化缩影，也反映了藏地双重属性的宗教信仰，藏传佛教和苯教在藏族乡土社会中各司其职又彼此影响、互相补充，共同塑造了村落文化。这种现象在藏地颇为普遍，譬如拉萨次角林村的格鲁派寺庙次角林寺和供奉地方神的宗赞寺。双核心的空间形态影响了整个村落的布局，同时对乡土建筑产生了深刻的影响，微观上则反映在民居单体中。民居单体中也存在着这样两个核心（图 7-34）：

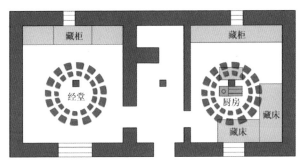

图 7-34　民居的双核心形态

作为宗教中心的经堂和世俗中心的厨房。经堂等满足信民们的精神需求，供奉由佛像、唐卡、法器，其核心性由信民们朝拜、供奉的佛陀所决定；厨房则满足村民们的日常生活与起居，同时是灶神的居所，可以保佑人们在日常生活中平安幸福。这两个空间反映了藏族人日常生活中对精神世界和现实生活两方面的需求。

　　本章节具体分析了科迦村的聚落形态和民居空间，并总结了科迦村乡土建筑的文化特征。主要有以下几点：第一，科迦村的选址和民居的营建均体现了对生态的良好适应性，各类宗教禁忌是村民们敬畏神灵、尊重自然的体现，是在自然崇拜观念下形成的，村民们建造房屋时谨慎的态度，使村落在生态平衡中发展。第二，赞神"加日布休丹"是当地信仰的土神，它的存在界定了村落的隐形边界，塑造了向心型的心理场，同时独特的宗教节日凝聚了整个村落，使村民们更加地勤劳团结。多种作为祭祀的构筑物，譬如煨桑炉、丹康等，作为村落中重要的标志和景观节点，也增强了村民们对村落的认同感和归属感。第三，藏传佛教寺庙和供奉地方神的庙宇形成了科迦双核心的空间形态，一个满足村民的精神需求，一个满足现实要求，并且这种形态亦反映在单体民居中，即单体民居中作为精神中心的经堂和作为世俗生活中心的厨房。

第八章　阿里传统建筑与喜马拉雅文化的联系

喜马拉雅山脉海拔高，生活环境较恶劣，资源较匮乏，但生活在喜马拉雅山脉的各个山谷里的人们善于高海拔的活动，且没有因为高山而阻断了彼此的联系与交流。从古至今，这些地方的人们就在相近的自然地理环境下生活着，维持着相似的生活习惯及语言习俗，并且一直进行着经济、文化、宗教等方面的交流，衍生出富有特色的喜马拉雅区域文化。

阿里地区与喜马拉雅区域内的其他国家或地区的各种交流一直较为频繁，文化方面在一定程度上吸收了它们的文化元素，成为喜马拉雅区域文化的一部分，在建筑方面亦有着千丝万缕的联系。

第一节　喜马拉雅区域文化

1. 区域概况

喜马拉雅山脉处于青藏高原的西南边缘，这座目前世界海拔最高的山脉，在地理上形成了一个天然屏障，形成了古象雄、古印度、勃律（巴尔蒂斯坦、吉尔吉特）、泥婆罗（尼泊尔）等地区及国家，通过许多山口形成的交通要道沟通"屏障"的南北区域，上文所述苯教的发源地——冈底斯山以及佛教的发源地——蓝毗尼分布在喜马拉雅山脉的南北两侧（图8-1）。

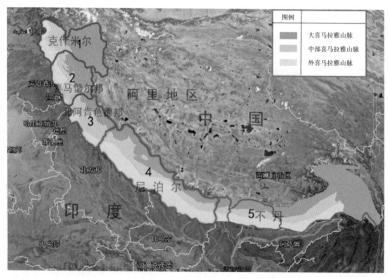

图8-1　喜马拉雅山脉区域示意图

生活在喜马拉雅山脉中的人们在大大小小的山谷地带繁衍生息，发展成今天的印度、巴基斯坦、阿富汗、塔吉克斯坦、吉尔吉斯斯坦、尼泊尔、不丹等周边国家和地区。

（1）拉达克地区

拉达克位于青藏高原的西缘，紧邻阿里地区，主要包括首府——列城（Leh）及其周围地区（图8-2）。

拉达克处于山谷地带，整个区域为狭长形，周边为高山包围，海拔约3 000~6 000米。拉达克地区在历史上曾是象雄的一部分、阿里三围之一，后逐渐分离。1世纪左右，

图 8-2　列城老城区及宫殿

该地区被纳入贵霜帝国[1]的统治范围，后随着贵霜帝国的衰亡而分裂。8世纪左右，拉达克卷入唐朝与吐蕃的冲突，其主权在大唐与吐蕃之间转换。9世纪中叶，吐蕃王室内乱，拉达克建立了独立的王朝，大量藏民涌入该地区。

拉达克地区最初受到象雄苯教的影响，后随贵霜帝国开始接受佛教。至13世纪伊斯兰教盛行，拉达克地区受到穆斯林军队的侵略逐渐衰落，部分佛教徒被迫转信伊斯兰教。17世纪初，拉达克经济渐强，君王支持佛教的复兴，修复佛教寺庙。17世纪末期，拉达克先后卷入多次战争之中，受到多方军队的入侵，曾向西藏地方政府求援，但清朝驻藏大臣拒不发兵，拉达克最终沦陷，王室只能保留部分王权。至今该地区的大多数居民仍是藏人，通行语言为藏语和乌尔都语，大多信奉藏传佛教，在生活习惯、文化习俗上仍与藏族相同，属于藏族的传统居住区。

拉达克地区是连接印度、新疆、西藏、汉地的交通枢纽，是著名的丝绸之路

---

1 贵霜帝国（约1世纪—5世纪）：古国名，鼎盛时期的疆域包括今阿富汗、恒河地区，是欧亚大陆的强国之一。

上一个重要的节点，在这里交易的有茶叶、丝绸、金银、马匹、皮革、香料、食盐、瓷器等商品，是喜马拉雅山脉西北部地区一个重要的贸易场所，亦是东西方文化交流碰撞的地带。

（2）巴尔蒂斯坦地区

巴尔蒂斯坦地区位于今巴基斯坦控制的克什米尔北部地区，处于喜马拉雅山脉西端与喀喇昆仑山脉之间，风景十分优美，首府为斯卡杜（Skardu）。

古象雄鼎盛时期的疆域范围可能亦包括该地区，即唐朝所称的"大勃律"。吐蕃王朝曾派军占领该地区，将大量藏民及宗教文化带入该区域，这些藏民至今仍保留着与西藏地区一样的语言服饰及生活习俗（图8-3）。该地区像拉达克地区一样，亦位于交通要道上，成为许多大国争相占领的地方，唐朝和吐蕃的军队就曾在这一地区进行过激烈的战争。

现今，巴尔蒂斯坦地区又被称为"小西藏"，大部分人口仍使用藏语，据语言学家分析，现今的巴尔蒂语属于藏语西部分支，保留有许多古藏语的成分。苯教及佛教都曾经在该地区流行，一些佛像图案还遗留在岩刻上。14世纪末，伊斯兰教传入该地区，苯教及佛教逐渐衰落，现巴尔蒂斯坦人主要信奉的宗教为伊斯兰教。但是苯教及佛教符号被保留下来，成为当地伊斯兰寺庙门窗上的装饰图案（图8-4），该地区成为信仰伊斯兰教的藏文化区。

图 8-3 巴尔蒂斯坦打酥油的妇女　　图 8-4 苯教及佛教图案

（3）吉尔吉特地区

吉尔吉特是克什米尔西北部的城市，位于吉尔吉特河谷地带，现属于巴基斯坦控制范围。丝绸之路上的商队曾从该地区经过，至今仍是克什米尔北部地区的经济及交通中心。

吉尔吉特地区为贵霜帝国时的一处佛教中心。在其境内古商道的沿途，遗留着众多的与佛教相关的石刻。随着贵霜帝国的灭亡，该地区盛行的宗教亦发生了变化，印度教取代了佛教，后又被穆斯林军队侵占，改信伊斯兰教，其经历了宗教信仰的多次变换。

（4）不丹

不丹位于喜马拉雅山东段南坡，处于中国与印度之间。据史籍记载，8世纪左右，不丹是隶属于吐蕃的一个部落。元朝时期，随吐蕃一起纳入元政府管辖。清朝时期，得到独立。

15世纪左右，藏传佛教格鲁派兴起，在西藏境内的影响力日渐强盛。当时竹巴噶举派的领袖——阿旺·纳姆伽尔为了避开格鲁派的强大势力，带领信徒们远走不丹，在不丹建立政权，奠定了竹巴噶举派在不丹的宗教地位。藏传佛教中的噶举派支系众多，在西藏各地区及周边地区，包括不丹，建立了许多寺庙。现不丹约一半人口为藏族，尊奉藏传佛教的竹巴噶举派为国教，一直深受藏族宗教文化的影响。

（5）木斯塘

木斯塘（或称莫斯坦），藏语意为"肥沃、富饶的平原"，位于西藏仲巴县及尼泊尔中部之间，海拔2 500~5 500米左右。木斯塘曾隶属于西藏，1380年获得独立，18世纪左右，被尼泊尔吞并，成为尼泊尔的附属国直至今日。

由于木斯塘地处西藏、尼泊尔、印度之间，可以控制它们的商业贸易往来，加之其自然资源较丰富，因此，该国的国力曾一度强盛（图8-5）。

图8-5　木斯塘首府罗城

图 8-6　妇女服饰、僧人袈裟

图 8-7　寺庙及王宫

图 8-8　老人转经

木斯塘现虽属于尼泊尔，但其居民多为藏族，仍信奉藏传佛教，境内至今仍保留着藏族的传统文化（图 8-6），藏族气息十分浓厚。木斯塘王受藏传佛教萨迦派影响较深，信仰萨迦派。木斯塘的寺庙外墙（图 8-7）涂红、白、灰三色，与萨迦派寺庙墙体颜色相同。该地僧人的袈裟样式亦与西藏僧人相同，信徒们也遵循着与西藏信徒一致的顺时针转动转经筒的宗教礼仪（图 8-8）。

2. 区域联系

包括阿里地区在内的喜马拉雅周边的国家及地区是青藏高原上海拔最高的一部分，从古至今，这些地方的人们就在相似的自然环境下繁衍生息，在生产技能、语言符号、宗教信仰、生活习俗、规范体系等物质及精神方面具有相近的文化要素，衍生出富有特色的喜马拉雅文化圈，苯教及佛教便诞生在这样的区域内。

喜马拉雅周边地区一直保持着经济、文化、宗教甚至政治等方面的联系，使得该区域各地区之间有着千丝万缕的关系。

（1）政治联系

由于历史及政治原因，该地区一些国家的领土及主权出现过多次的变更，甚至至今仍未明确。

强盛的古象雄在喜马拉雅山脉地区占有辽阔的疆域，西边包括了喜马拉雅山附近的中亚部分地区，如巴拉蒂、大小勃律，即今天的巴基斯坦境内印度河流域、巴基斯坦控制的克什米尔地区及拉达克地区。拉达克与阿里的联系尤其深远，曾属于阿里三围的其中一个王朝，也曾归属于唐朝及吐蕃，曾因外敌入侵而向西藏地方政府求援，也曾出兵占领了古格王国。位于巴基斯坦控制的克什米尔北部的巴尔蒂斯坦、木斯塘、不丹都曾归属于吐蕃王朝，而普兰也曾属木斯塘管辖。

由此可见，该区域内的一些国家在历史上与象雄或吐蕃有过政治上的归属关系，有着一定程度上的政治联系。

（2）军事联系

喜马拉雅山脉附近地区的人们，由于争夺物质、占领交通要道等种种原因，发生过数次的战争，但大都难敌象雄或吐蕃强势的军队力量，因此，每一次的驻军，都会带来一定数量的藏民输入。在象雄或吐蕃管辖、派兵进驻拉达克、巴尔蒂斯坦、不丹等地的时候，有大量藏民随军涌入这些地区，并且很可能在战争结束后，仍然留在当地，与当地居民生活在一起。

随着象雄及吐蕃王室的衰落，更加强大的外敌通过拉达克、吉尔吉特等地，穿过喜马拉雅山入侵西藏地区。例如1841—1842年，发生了查谟—克什米尔军队通过拉达克入侵阿里的战争，即森巴战争。这场战争的爆发，使一部分拉达克人留在了阿里，也使得一些阿里人被奴役而远离家乡。

（3）经济联系

历史悠久的丝绸之路，从汉地经甘肃的张掖、武威、敦煌等地到达新疆，然后分为天山南北两路，到达中亚、西亚，经商之人运送着一批批的商品往来于东西方之间。商道的开通，为其沿途带来了经济的繁荣，形成了许多贸易市场。拉达克、克什米尔的吉尔吉特都位于丝绸之路上，东西方的商人在这些地方交易茶叶、丝绸、马匹等物品。

还有一条与丝绸之路平行的"麝香之路"，大约形成于1世纪左右，连接西亚、阿里、拉萨与昌都，据说，当时的罗马帝国通过这条道路购买西藏盛产的麝香，该要道也由此得名。该要道在西藏境内的路线大致是从今天的昌都丁青县，经拉

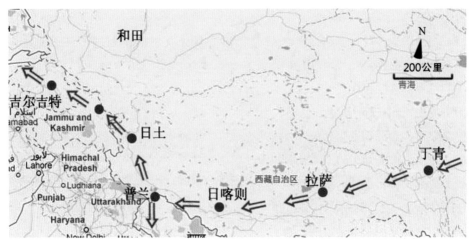

图 8-9　麝香之路西藏路线示意图

萨、日喀则，到阿里的普兰，然后分为南北两个方向：向北的商道，经日土，到达拉达克、吉尔吉特等地，与丝绸之路汇合；向南的商道直接越过普兰南面的山口，到达印度、尼泊尔（图 8-9）。

由此可见，喜马拉雅地区是东西方之间的连接地带，是众多商人及商品的集汇地，是东西方经济的连接枢纽。该地区的普兰、日土、列城（Leh）、吉尔吉特等地形成了贸易市场，吸引着周边地区的民众前来，加强了地区间的经济联系。

（4）宗教联系

苯教以冈底斯山为中心向周边传播，佛教以蓝毗尼为中心向外扩撒，这两个教派均产生于喜马拉雅周边地区，巴尔蒂斯坦、吉尔吉特、拉达克、尼泊尔、木斯塘、不丹等地便位于两大宗教文化圈的交界地带，受到两种宗教文化的强烈影响。

象雄的苯教形成时期较早，影响范围较广泛，包括了属于象雄的拉达克地区、汉地，还有一些中亚地区。佛教产生后迅速向周围扩散，笔者推测，喜马拉雅地区的人们有着相近的生活习俗，因此，很快地接受了佛教，例如，尼泊尔、克什米尔等地的人们均成为佛教的信徒，并将佛教继续向其他地区传播。

在印度本土佛教衰落后，藏传佛教发展成熟，开始向其他地区渗透。喜马拉雅地区紧邻西藏的西南部，直接受到了藏传佛教的影响，该地区的人们接纳了藏传佛教。15 世纪以后，格鲁派在西藏境内的势力越发强盛，藏传佛教其他各教派为了寻求新的发展空间，选择到西藏周边地区宣扬教法，分支最多的噶举派在拉达克、不丹、尼泊尔等地建立了许多寺庙，产生了巨大的宗教影响力，至今，不丹仍将噶举派奉为国教。

喜马拉雅各地区接受藏传佛教不同分支教派的教义以后，形成了不同的教派势力范围；反之，各地区又通过与阿里之间的政治、军事联系，使得阿里地区的一些寺庙教派发生了改变。例如，普兰县科迦寺曾在15世纪左右受制于木斯塘王，而木斯塘王信仰萨迦派，因此，科迦寺也从噶举派改宗为萨迦派直至今日。

（5）民族联系

由于政治、战争、贸易等活动，大量的藏民从西藏地区涌入喜马拉雅山脉的其他地区生活，与当地人联姻，繁衍后代。还有一些藏民因为放牧等原因，向喜马拉雅西部等地进行了迁徙。因此，喜马拉雅山脉除西藏以外的地区亦有许多藏族定居者，甚至占有较大的社会人口比例，例如，今日的不丹仍有约一半人口属于藏族，木斯塘人也多数为藏族，这些人将藏族文化带入当地日常生活的方方面面。

（6）文化联系

喜马拉雅地区之间从古至今都有着频繁的政治、军事、经济、宗教等方面的联系，自然带来了文化上的交流。

综上所述，喜马拉雅地区在相近的自然地理环境下，催生出相近的文化，形成该地区的区域文化。

第二节　喜马拉雅区域的宗教艺术

宗教艺术，是宣扬宗教教义的造像、壁画等艺术形式。

佛教自印度起源后，便逐渐向周边地区传播，亦将与佛教相关的佛教艺术渗透至其他地区，包括喜马拉雅山脉的周边。喜马拉雅山脉周边地区先后在不同地点兴起了几种佛教艺术形式，每种形式都是宗教艺术与地域艺术的结合，并都对阿里地区的宗教艺术产生了深远的影响，笔者将喜马拉雅山脉周边著名的几处佛教艺术圈归纳如下：

1. 犍陀罗艺术

佛教产生后，经历了几个世纪的时间，才诞生了佛教艺术。在印度早期的佛教艺术中，并无佛本身的造像形象，而用一些特定物象来象征，例如用菩提树象征佛的成道，用塔象征佛的涅槃，用足印象征佛去过的地方。随着信徒对佛像崇拜的加深，对佛像造像的需求更加强烈了，遂逐渐产生佛像的创作。

考古学家在古印度西北地区的犍陀罗（Gandhara）地方（现巴基斯坦东北部、阿富汗东南部及克什米尔范围）发现了早期的佛像，大约兴起于1世纪，5世纪开始衰落。这个时期的佛教艺术受到了外来希腊文化的影响，又称"希腊化的佛教艺术"。希腊化的佛教艺术形式对周边地区的佛教艺术发展产生了重大的影响（图8-10）。

犍陀罗佛像的眼睛半闭，神情安详，身披袈裟，袈裟褶皱厚重，脸型较椭圆，

（a）1世纪佛教石刻（犍陀罗）

（b）佛教头像（犍陀罗）

（c）2世纪石刻礼佛舍利

图8-10　希腊化的佛教艺术

（d）3世纪石刻立佛

发型为希腊式的波浪发卷。佛像的莲花座采用宽大扁平的莲瓣样式。

伴随着佛教的传播与发展，在古印度的不同地区及其周边国家相继产生了佛像雕刻及绘画的艺术中心，不同地区的工匠在保留佛教艺术传入形式的基础上，根据自身的审美要求加入了一些具有地域特点的元素，使佛教艺术呈现出不同的风貌。

2. 马图拉艺术

位于古印度中部的马图拉（Mathura，大约在现印度首都新德里东南部约150公里处）是除犍陀罗以外，印度最早的佛陀造像中心。该地区亦处于贵霜帝国范围内，在佛教兴起之前，为印度教及耆那教制作雕像，可见，其雕刻历史之悠久。

马图拉艺术有贵霜时代及笈多时代之分，不同时期呈现出的艺术风格有所不同。贵霜王朝时期，马图拉地区的造像风格受到犍陀罗风格的影响，也表现出希腊式的特点，但该地区地处犍陀罗以南，气候较炎热，衣着较单薄，因此，佛像的袈裟较犍陀罗造像薄透。4世纪左右，印度各地区逐渐进入笈多王朝时期，贵霜帝国于5世纪灭亡。笈多时代的马图拉造像将希腊元素与印度本土特点很好地融合在一起，建立了造像的准则，对各地的造像产生了极大的影响。

笈多时代马图拉工匠们制造的佛像造像表现出了明显的印度民族特点，佛像面颊圆润，嘴唇变厚，眼帘更加低垂，眉间有白毫，发型由希腊式的波浪发卷变为螺纹发卷，腰腿粗壮。佛像的袈裟较为轻薄贴身，显露出佛像健壮的身体，且佛像的背光变得更加硕大及精美（图8-11）。

马图拉与犍陀罗风格截然不同，马图拉艺术将犍陀罗时期的佛像更加印度化，

（a）5世纪石雕立佛像　（b）2世纪石栏雕刻　　（c）药叉女　　（d）正在化妆的妇女

图 8-11　马图拉风格佛像

完成了佛像从希腊式到印度式的过渡，是印度文化与外来文化完美融合的体现。

3.萨尔纳特（鹿野苑）艺术

萨尔纳特（Sarnath）是笈多时代的另一处造像中心，位于中印度，大约兴起于 5 世纪。其艺术形式与马图拉较为相似，不同之处是佛像的衣着更加薄透贴身，几乎透明而没有一丝衣纹，仅在领口、袖口及下摆处雕琢几丝纹路，线条纤细，这也是萨尔纳特艺术的独特之处。佛像的脖颈处多雕刻三道吉祥纹（图 8-12）。萨尔纳特艺术也在印度、尼泊尔等地延续。

（a）鹿野苑达美克塔

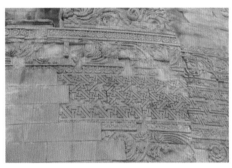

（b）达美克塔细部雕刻

（c）石刻

图 8-12　萨尔纳特雕刻艺术

4. 克什米尔艺术

克什米尔（Kashmir）处于犍陀罗艺术的影响圈内，克什米尔艺术是多种文化与艺术相混合的形式。7 世纪以后，克什米尔艺术展现出了独特的魅力，吸收了犍陀罗与笈多造像的手法（图 8-13）。克什米尔佛教造像双目平直，眼大无神，形同鱼肚，眉似弯月，大耳垂肩。佛像着通肩或袒右肩袈裟，菩萨袒上身，下着薄裙，领口、袖口、小腿部分刻划纹路，四肢较健壮。佛像眼睛一般嵌银，后来藏西地区流传的"古格银眼"便受到这种风格的影响。佛像台座多为雕刻狮子及力士或夜叉的矩形台，莲花台较少，莲瓣形状宽大、扁平、朴实无华，与犍陀罗时期的莲瓣形象相似。

（a）坐佛　　　　　　　　　（b）石碑

（c）莲瓣柱础　　　　　　　　　　　　　　　（d）8世纪未来佛石刻

图8-13　克什米尔石刻艺术

11世纪以后的克什米尔艺术形式发生了一定的变化，造像的躯体更加修长，腰部较细，乳房隆起，凸显女性特征，并且开始追求肌肉组织的表现，腹部肌肉凸起，这种表现手法可能是受到了早期犍陀罗艺术的影响。

5. 波罗艺术

8世纪末至9世纪初，印度东部的孟加拉一带兴起的波罗王朝发展迅速，历代国王普遍信奉并积极推广佛教，这里的佛教艺术还逐渐扩展到了周边的西藏、尼泊尔以及东南亚各国。直至 12 世纪，波罗王朝被信奉伊斯兰教的色纳王朝所灭，佛教僧侣从印度本土躲避到尼泊尔、西藏等地，波罗王朝的佛教艺术亦被停止，转而由僧侣带至境外其他地方发展。

波罗（Pala）艺术风格的佛像身材修长，比例较好。菩萨一般头戴尖顶的三角形头冠，后梳高发髻。波罗艺术风格的构图具有如下特点：画面中央为主尊佛像，体量较大，佛像顶部与左右两侧被分隔成若干小方格，下部有时不分格，每个方格绘制不同的佛像，并各有头光及台座，互不相连。主尊佛像两侧一般伴有胁侍菩萨，体量略小，其风格十分相似，一般胁侍菩萨的面孔、胯部、双脚都朝向主尊佛像，身体呈现"S"形曲线。

由于历史及政治原因，许多国家的疆域范围都发生过变化，因此，这些艺术形式产生地并不局限于某个国家的范围之内。不同的佛教艺术形式产生后，均向其周边进行辐射，对周边的佛教艺术产生引导作用，反之，周边的艺术形式对其进行模仿或改良，逐渐形成了各具特色的艺术圈。上述五种喜马拉雅地区的佛教艺术形式，亦是五个时间上略有先后、地理区位相近的艺术文化圈。

五个文化圈位于古印度的不同地区，阿里地区在地理位置上与古印度中北部、尼泊尔这样的佛教大国同属于喜马拉雅山脉范围，其间的贸易往来与文化交流自古便比较频繁，在佛教艺术方面自然亦受到前文所述的佛教艺术圈的影响。这种影响在藏传佛教形成初期更加明显，虽然由于历史久远、自然环境较恶劣等原因，现今藏西地区的许多宗教遗存已受损，但我们仍然可以从中发现外来佛教艺术文化的痕迹。

喜马拉雅是世界海拔最高的山脉，在地理上形成了一个东西向的天然屏障，区分着中国西藏西部的阿里地区、印度、尼泊尔、克什米尔、不丹等地区及国家，同时又通过许多山口形成的交通要道沟通"屏障"的南北区域。自古以来，高原人就通过喜马拉雅各山口发生着频繁的联系，进行着经济、文化、宗教等方面的交流，加之山脉周边的各地区有着相似的生活环境，便在该区域内衍生出富有特色的喜马拉雅文化圈。

第三节　喜马拉雅山脉的藏式寺庙

象雄的强盛时期，其版图曾经包含了喜马拉雅山脉的许多地区，在政治、宗教方面有很大程度的关联。

　　生活在喜马拉雅山脉的人们有着相似的生活环境、文化习俗及宗教信仰，一些地区处在苯教文化圈、佛教文化圈的交接地带，受到不同宗教文化的影响。当藏传佛教兴盛后，这些地区有相当数量的寺庙改宗藏传佛教的某些教派直至现今。

1. 阿奇寺——拉达克地区

（1）地理位置及历史沿革

　　阿奇寺（Alchi）位于现拉达克首府列城西北处大约60公里的印度河河岸（图8-14），据说，该寺庙与托林寺、科迦寺等属于同时期建筑，均由古格的大译师仁钦桑布于11世纪建立，其间可能曾归属于宁玛派，15世纪归属格鲁派。

图 8-14　阿奇寺附近的印度河

图 8-15　阿奇寺

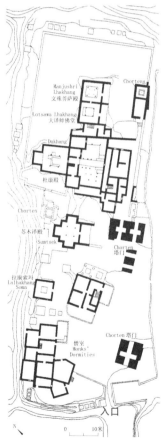

图 8-16　阿奇寺总平面图

（2）建筑布局

阿奇寺与阿奇村建造在一起，农田围绕在寺庙佛殿、佛塔及僧舍周围，像前文所述普兰的科迦寺、札达的玛那寺一样，寺庙与民居融合在一起，结合十分紧密（图8-15）。据资料显示，该寺庙主要由五座佛殿组成，并排布局，均朝东偏南（图8-16），有的佛殿内供奉着仁钦桑布的画像，可见大译师与该寺庙的渊源。虽然该寺庙可能确实是由大译师设计修建，但其最初的规模也很可能比现在小。

① 杜康大殿

据历史记载，该殿是寺庙内最早建造的佛殿。

平面呈矩形，内供遮那佛，佛像供奉在突出墙体的泥塑佛台之上，每尊佛像周边均有雕刻精美的木质佛龛围绕，佛龛呈多折角拱形，拱由两根立柱支撑（图8-17），佛像背部有独立的背光及头光。殿内壁画精美，保存较好，绘制有度母、大日如来、曼荼罗等内容。

图8-17　杜康大殿大门雕刻

② 苏木泽殿

五座佛殿中间位置的苏木泽殿，据说建成年代比杜康大殿略晚，但也是五座佛殿中较古老的建筑，规模是五座佛殿中最大的，其平面呈现"亚"字形，建筑总体三层，逐层内收，平面结合室内布局使整座建筑像是一座立体的曼陀罗，代表着修行与冥想。佛殿室内柱头仿照希腊爱奥尼式的涡旋式，且柱身有凹槽，但柱身为上大下小的样式。

苏木泽殿的壁画十分珍贵，保存较好，还有古西藏诗歌化的题词。殿内供奉着三尊巨大的佛像，代表着肉身、语言与思想，据说参拜者能够得到灵魂的洗涤，最终达到佛的境界。

佛殿入口大门的门廊上搭建着三角形券，雕刻着狮子图案，门楣、门框设多层雕刻装饰，逐层向内递减（图8-18）。如上文所述，爱奥尼式的柱头及凹槽的柱身来源于希腊的柱式，而上大下小的柱身尺寸及三角形的门廊券来源于西亚式的建筑元素，佛殿的平面形制、收分的墙体等又反映出西藏的特色，因此，阿奇

（a）外观　　　　　　　　（b）外檐柱头　　　　　　　　　（c）室内

图 8-18　苏木泽殿

寺庙的建筑结合了东西方的文化元素。

在门框正中还有一处装饰细节，是一只金翅鸟的雕塑，这是在佛教寺庙内应用较多的一种装饰元素。但是，杜齐先生的观点是"金翅鸟在印度从来没有角，而带角的金翅鸟是藏地图像几乎一致的特征"[1]。

除了杜唐大殿和苏木泽殿，寺庙的东南院落中大译师佛堂（或洛扎哇拉康，图 8-19）和文殊菩萨殿（图 8-20），殿堂均为四柱，面积虽小，但室内满布壁画，保存完整。寺庙内还有几座塔门，天花、藻井色彩鲜艳，构图完整，堪称西藏塔门中的精品之作（图 8-21）。

图 8-19　文殊菩萨殿壁画　　　图 8-20　大译师佛堂天花

1 [意]图齐. 梵天佛地（第三卷）[M]. 上海：上海古籍出版社，2009：110.

（a）藻井 　　　　　　　　　　　　　　　（b）彩绘

图 8-21　塔门

2. 塔波寺——喜马偕尔邦地区

喜马偕尔邦，意为"雪山之邦"，位于印度的西北部，处于克什米尔与阿里之间，与拉达克之间隔着赞斯卡（Zanskar）山谷，其形成了一个天然的屏障。

喜马偕尔邦海拔较低，约2 700米，其境内湖泊众多，环境优美，气候宜人。这里雨量较为稀少，当地人利用冰川水灌溉农作物，以水稻、大米、苹果等农业为主。在历史上它也曾经属于古格王国，后被英国占领，现今属于印度管辖，但该地仍有数量众多的藏民定居，表现出非常浓郁的西藏风俗。

位于达兰萨拉东部的拉合尔（Lahaul）、斯必提（Spiti）地区，是佛教、印度教共存的地方，斯必提曾是古格王国的一部分，这里著名的塔波寺（Tabo）是十四世达赖喇嘛的静修之所。

（1）地理位置及历史沿革

在喜马偕尔邦的斯必提地区，有一座历史悠久的、著名的寺庙——塔波寺（图8-22）。

《古格普兰王国史》中提及，在古格王朝的拉喇嘛·益西沃时期，"阿里三围"建

图 8-22　塔波寺

有包括托林寺、科迦寺、塔波寺、玛那寺、皮央寺等最早的八座佛寺，现今阿里地区的札达、普兰、噶尔等县区文物志中未发现对塔波寺的记载，推测喜马偕尔邦的塔波寺很有可能便是《古格普兰王国史》中的塔波寺，依据如下：

①　喜马偕尔邦曾经属于古格王国势力范围，当时的"阿里三围"可能便包含该区域。

②　杜齐曾翻译了该寺庙杜康大殿壁画中的题记，主要内容是说杜康大殿由拉喇嘛·益西沃于藏历火猴年（996年）建造，"猴年，先祖降秋赛贝建此祖拉康。四十六年后，俆拉尊巴降秋沃以菩提心为前行，对此祖拉康进行了修缮"[1]。

③《虚空之路》（A Path to the Void）一书中描述了该佛殿内的壁画记载着杜康大殿由益西沃所建，而且可能沿用了仁钦桑布设计寺庙的思路。

综上所述，喜马偕尔邦斯必提地区的塔波寺，就是《古格普兰王国史》提及的与托林寺、科迦寺、玛那寺等同时期建造的塔波寺，与大译师、古格王室有着直接的关系。

（2）建筑及其布局

该寺庙位于斯必提河流左岸的山顶坡地平台上。在寺庙上方的山坡上，分布着几十孔人工石窟，是"僧人冬季居住的……小窟"[2]，现已经废弃，"开始崩塌"[3]。

寺庙整体以最早建立的杜康大殿（即杜齐先生所称祖拉康）为中心，周边分布着年代较晚、规模

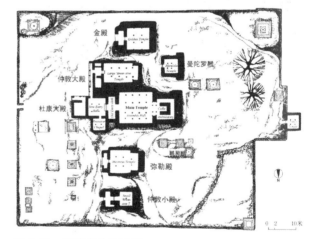

图8-23　塔波寺总平面图

略小的其他佛殿及大小不等的佛塔，佛殿彼此紧邻，并无特定的规划，周围由院墙围合，靠近围墙的部位存有僧舍等附属房间的遗址，寺庙的所有佛殿均坐西朝东（图8-23）。据《虚空之路》记载：杜康殿周边的佛殿建造年代大约是11—

1，2，3［意］图齐. 梵天佛地（第三卷）[M]. 上海：上海古籍出版社，2009：13，156.

16世纪；塔波寺的许多佛塔内壁绘有壁画，且年代约为13世纪。

①杜康大殿（祖拉康）

杜康大殿（Dukhang）作为寺庙中最古老的建筑，根据其内部壁画记载的内容，该佛殿的建造年代可以追溯到10世纪末。

平面形制。从平面图可知，去除与杜康大殿相连的其他佛殿，杜康大殿的平面呈规整的矩形，可分为门廊、大殿、后殿（佛殿）三个部分（图8-24）。这种平面形式与上文所述托林寺周边遗址，以及科迦寺等寺庙佛殿的原始平面样式等阿里地区的宗教建筑遗址极为相似，这可能反映出大译师时期所建佛殿的特点，杜齐先生也认为"这种平面于仁钦桑布时期的大多数寺庙中反复出现，几乎所有的寺院均依此平面布局而建"[1]。

（a）室内　　　　　　　　　　　　　　　　　　（b）殿内塑像

图8-24　杜康大殿

杜康大殿殿堂西部设置主佛像，据说为大日如来佛，与托林寺迦萨殿的主供佛相同。佛像与北面、南面、西面的墙体之间形成U形的、类似转经道的空间，殿内壁画年代久远，记录了佛殿建立的时间及人物等内容，还绘制了多种曼陀罗图案，这些壁画具有克什米尔的风格，可能当时仁钦桑布从克什米尔请来的32位艺术家及工匠参加了杜康大殿的建造工程，将仁钦桑布的寺庙设计理念及克什米尔的宗教艺术风格共同运用。据说，壁画中还表现了一些西藏的人物形象及服饰，可见西藏的艺术家可能也参加了佛殿的建造。

---

1 ［意］图齐. 梵天佛地（第三卷）[M]. 上海：上海古籍出版社，2009：13.

图 8-25　塔波寺塑像　　　　　　　　　图 8-26　古格白殿塑像

据杜齐先生记载，该殿壁画"完全独立于更为有名的卫藏画派，显示出其为西藏西部诸王护持下形成于古格的本土艺术……直承印度风范……堪称印藏画派最杰出的记录"[1]，壁画表现的主题有南北印度之间的纷争，以及诺桑王子与仙女生活的故事等。如前文所述，普兰县的古宫寺相传即为诺桑王子与仙女的居所，可见，藏族故事在此地仍然被大家所熟知，也可能说明藏族的工匠参加了当时寺庙的建造工程。

"殿内塑像安置在插入墙体的木梁上，其后有石膏浮雕环形背光"[2]，与古格故城白殿的装饰方式相似（图 8-25、图 8-26）。杜齐先生认为此种装饰与仁钦桑布或与他请来的克什米尔艺术家有关，这在大译师建造的其他寺庙内也有发现。

据说，杜康佛殿内还保存了两件珍贵的佛像雕塑，具有上文所述笈多时期的艺术风格。

②曼陀罗殿

该殿可能建于 17 世纪左右，其殿内绘制的曼陀罗图案表明了塔波寺盛行的曼陀罗类型。图齐记载，该殿内的其中一幅壁画中描绘了三尊僧像，其中两位便是拉喇嘛·益西沃与拉喇嘛·绛曲沃，也表明了该寺庙与古格王室的渊源。

③弥勒殿

弥勒殿重新修建过，除了石质柱础外其他均为后期所建。"柱础四面镌饰狮子，

1，2［意］图齐. 梵天佛地（第三卷）[M]. 上海：上海古籍出版社，2009：13.

图 8-27　塔波寺柱础　　　　　　　　　图 8-28　仲敦殿木门

其粗犷原始的风格可归于初期古格艺术"[1]（图 8-27）。

④ 仲敦殿

仲敦殿的木门是"保存至今的 12 世纪少数木雕文物之一。刻工精细，可确信它也是印度工匠的作品"[2]。如图 8-28 所示，该木门与拉达克的阿奇寺木门较为相似，表现出了相似的宗教艺术。

塔波寺在宗教历史及艺术风格方面具有很重要的研究价值，是对曾经的阿里地域范围宗教建筑的一个有力补充。

3. 虎穴寺——不丹

"不丹"源于梵文，意即"西藏末端"。据说，松赞干布最早在不丹建立了贾姆帕寺与基楚寺，用以传播佛教，可见，不丹与西藏之间的渊源。

8 世纪，莲花生大师曾两次到不丹传播佛教，其境内有莲花生大师的修行洞，亦有依靠修行洞而建的寺庙，例如著名的建在险峻的悬崖上的虎穴寺。据说，莲花生大师骑虎降临此

图 8-29　虎穴寺

1，2 [意] 图齐. 梵天佛地（第三卷）[M]. 上海：上海古籍出版社，2009：79.

处，在山崖洞穴中修行传教，遂建立该寺庙（图 8-29）。

12 世纪末，许多西藏的喇嘛来到不丹定居，在这里宣扬藏传佛教，建立寺庙。据说，较早来到不丹传教的是噶举派的僧人，随后是宁玛派，不同教派各自建立寺庙。直到 17 世纪，噶举派与宁玛派在不丹发生教派斗争，最终噶举派获得了胜利，成为不丹的国教。不丹人称自己的国家为"竹巴噶举之乡"，称自己为"竹巴噶举派人"，并将西藏视为宗教圣地。

4.藏式建筑特点

拉达克、喜马偕尔邦等地区有许多藏民定居，它们在很大程度上保留着与西藏地区一致的生活习俗及宗教信仰。喜马拉雅地区的一些藏传佛教建筑，在建筑装饰细部上也体现了一些该地区产生的艺术元素，在建筑材料、施工方式及外观上与藏式建筑，尤其是阿里地区的建筑极其相似，甚至在较古老的居住方式上也与阿里地区相同——有着穴居的传统。

综合比较、分析以上所述喜马拉雅区域的藏传佛教建筑，可以发现其中所反映的藏式建筑特点：

（1）建筑选址

拉达克地区、木斯塘地区的许多宗教建筑选择在山上或山洞里建造，有着较强的防御性。笔者认为，这种选址一方面是为了防御，另一方面是对该地区多山的自然环境的适应和利用。

（2）建筑材料

喜马拉雅山脉地区的自然条件较为相近，该地区石材较缺乏，人们多选用当地的土以及由土制成的土坯砖来建造房屋，寺庙建筑也是如此。

（3）墙体、门窗形式

该地区的藏传佛教建筑与西藏地区寺庙的外观相似，墙体带有一定的收分，墙檐处采用边玛草来制作边玛墙，其上压制石片，再夯制阿嘎土。边玛墙有一定的保温隔热的作用，有时还在边玛墙部位搭配铜镜或吉祥万字符，起到辟邪的作用。窗框、门框呈梯形，上挑短椽。

其立面造型稳定感强，底层不开窗或开小窗，随着高度的升高，开窗面积增大，具有一定的防御性，而且，窗框及门框的梯形形状与立面总体的收分墙体形成了一定的呼应，更显稳定。入口大门一般设置在中间位置，将立面在竖向上分为三段，较为均衡。由于降雨较少，该地区的寺庙也多采用藏式的平屋顶，局部设置坡屋顶。

（4）色彩

外墙多为白色，墙檐部位为深红色或黑色，而窗框及门框也多涂黑色，据说，这样的颜色能够为室内多吸收一些热量。门窗本身颜色较为鲜艳，多涂红色，还会装饰一些色彩多变的帐幔。

这些地区与西藏地区有着各方面的联系，在生活、文化、宗教方面也体现着浓厚的藏族特点，同时，这些地区的建筑也吸收了一些中亚地区的艺术元素，并将其向西藏地区传递。

第四节　阿里乡土建筑的价值和未来

阿里乡土建筑凝聚了藏民们千百年生产、生活的记忆，不仅包括藏民们生活的村落和其中的各类建筑，还包括其宗教信仰和文化习俗。阿里乡土建筑经过时间的漫长洗礼，积淀了厚重的价值，但是在现代化进程中，传统聚落和宗教文化皆受到了很大的冲击，如何在追求更大经济利益和舒适性的同时，保持乡土建筑中自然、人、宗教的平衡，是当下刻不容缓的问题。保持地域建筑文化的延续，不仅对西藏现代建筑的建设，对世界各地的"新乡土建筑"都有着无限的文化意义。

1. 阿里乡土建筑的价值体现

根据价值性质的不同，阿里乡土建筑的价值主要体现在认知、经济和审美三方面。

（1）认知价值

乡土建筑包括村落的选址、总体布局、建筑形态和风格，它们直接反映了当地的乡土文化和社会历史信息，所以若想真正地了解乡土建筑的形态特征和文化传统，就必须置身于其中观察建筑的形态、村落的布局，用心感受其民风民俗。一个没有受到破坏的传统村落可以给研究者提供大量的历史事实，可以帮助研究者去伪存真，对已经掌握的历史材料进行有效的分析[1]。

阿里村落通过民居建筑的建筑形态、整体村落的空间特征体现了其凝聚的当地藏族文化，同时也真实、实时地展现了居民的生产生活、宗教信仰和民风民俗。

---

1 谢娇. 四川甘孜州藏族民居研究 [D]. 西安：西安建筑科技大学，2010.

故而，阿里村落对人类学、社会学、宗教学以及本书侧重的建筑学都具有十分深厚的认知价值。

（2）经济价值

阿里乡土建筑的经济价值主要体现在旅游开发带来的商业利益。安徽的西递、宏村和江苏的周庄、同里等古镇、村落都是通过旅游开发取得一定的经济效益的。不可否认，旅游开发能够促进当地经济发展，提高当地人的生活水平，但是，旅游开发也存在弊端，譬如破坏环境、对当地文化造成冲击等等。我们必须慎重地对待旅游开发，以取得获取经济效益和保护原生文化、自然环境的平衡。

阿里的很多村落地处深山，交通不便，受到外来文化的影响较小，一直保持着藏族独特的生活习惯和神秘的宗教文化。豪爽、粗犷、淳朴的阿里藏民世代生活在高天阔地之间，赤炽的骄阳、金色的寺庙、五彩的经幡，皆是旅游开发的优良资源。阿里诸多的人文景点如古格王国遗址、托林寺、科迦寺以及自然景色如神山冈仁波齐、圣湖玛旁雍错，皆是优良的旅游资源，每年都吸引了来自世界各地的成千上万的游客前来参观，获得了良好的经济效益。

（3）审美价值

美是事物促进和谐发展的客观属性与功能激发出来的主观感受，是客观实际与主观感受的具体统一。审美是人类掌握世界的一种特殊形式，是人与世界（社会和自然）形成一种无功利的、形象的和情感的关系状态[1]。阿里村落拥有美丽的自然景观和独特的民风民俗，与自然和谐统一，令人身心愉悦。

阿里的村落常常依山就势，自上而下排布、白墙黑边的藏式碉房彼此毗邻，红色的寺庙则盘踞其中，形成有秩序的组群，宛如一首首乐章，极富旋律感和节奏感，美不胜收，让人流连忘返。阿里藏民们世居于此，种植青稞，放牧牛羊。他们将美好的生活寄托于金色的寺庙和袅袅升起的桑烟，他们盛情好客，为客人们端来香醇的青稞酒和浓郁的酥油茶，围坐在藏桌前，介绍他们漂亮的楼房和古老而美丽的村落。

2. 阿里乡土建筑的保护与可持续发展

（1）村落开发的可持续性探讨

交通的便捷给阿里旅游业带来了发展的契机，也为活化传统村落提供了可能

---

1 谢娇. 四川甘孜州藏族民居研究 [D]. 西安：西安建筑科技大学，2010.

性。要实现对传统村落和民居以及人文资源的可持续开发和利用，不能盲目地扩张和建设，更不能过度开发而使其特色消亡。所以要遵循以下的原则：

①统筹协调的原则

规划要以科学发展观和可持续的原则为指导，强调对传统村落生态环境、旅游开发和村落自我更新之间的统筹和协调。要建立良好的统筹协调机制，这一机制的建立，须通过政府规划部门、旅游开发、文物保护等多方的参与才能实现[1]。

②保护优先的原则

对于已经纳入文物保护单位的寺庙、遗址等，要坚持贯彻文物保护的要求，保护文物古迹的完整性和原真性。但在阿里地区，诸多的遗址并未得到妥善的保护，而逐渐被自然风沙侵蚀破坏，文物部门应对其出台保护政策和保护方案进行实施。

③尊重自然的原则

象泉河流域和孔雀河流域拥有丰富的高山河谷自然风光。诸多村落的自然环境优良，体现了藏族文化中人与自然和谐共生的关系。保护自然生态系统的多样性和完整性是进一步规划工作的重要任务，一定要避免在建设中对山体的过度改造而造成的环境破坏。

④以人为本的原则

以人为本包括两个方面，一是以游客为本，景区设施设计应当人性化，把游客的使用方便当做主要的考虑因素。二是以当地居民为本，通过旅游发展实现当地经济和文化的协调发展，繁荣当地藏族手工业和非物质文化遗产的保护和利用，调动当地居民的积极性，为村落景点提供良好的人文环境，促进村落的稳定和长期发展。

（2）乡土建筑保护中出现的问题

由于经济的发展和现代文明的影响，阿里乡土建筑面临着民族特色逐渐消失的压力，建筑保护存在着诸多问题。随着经济条件和生活水平不断得到改善，村落人口增加，建设用地无序扩张，旅游产业的盲目发展更加重了对当地的自然环境和民风民俗的影响，为避免对古村落格局和传统建筑造成不可逆转的损失，迫切需要制定合理的旅游开发规划进行引导。阿里藏族村落因为长期交通闭塞得以

---

1 张燕.川西沙尔宗嘉绒藏族民居研究[D].西安：西安建筑科技大学，2012.

完好地保存，但全球化的进程使各色文化的融合愈来愈迅速，现代文明的介入使居民的生活方式发生转变，旧的民居与现代的生活方式之间的矛盾是最大的问题，民居中存在破坏性的改造，有些村民将旧的民居拆除，在原址上建设现代的房屋。

（3）乡土建筑保护遵循的原则

①原真性原则。原真性要求不仅保存建筑的原有平面布局、建筑造型、装饰风格、建筑结构、建筑材料，还要保存传统的建造工艺。乡土建筑的价值在于久远的未来和历史的真实，保护的目的则是让这些反映历史和真实的文明完整地传递至未来。

②人性化原则。要求在建筑改造中，能够在适应现代生活和保护传统乡土建筑原真性中寻找平衡，贯彻以人为本的保护理念，满足当地居民的生活方式。

③整体性原则。乡土建筑因其生长的土壤而存活，所以在保护建筑的同时要保护历史文化和其存在的生态环境。这就要求对于整体聚落，要尽可能地保存现有格局，更重要的是保护好原住民的生活方式、民风民俗和宗教仪式等等。

④发展性原则。乡土建筑保护的核心是实现乡土社会中各类建筑能够实现长远的可持续发展，所以不仅要保护乡土社会中原汁原味的特色风貌，还要求其能够世代传承和长久进化。

（4）乡土建筑保护措施

①要将有价值乡土建筑申请为文物保护单位，并且进行重点保护和修复。现在阿里有些村落的寺庙已经被列为文物保护单位，如科迦寺等重要的寺庙已经得到有效的保护和修缮，但是还有很多小的乡村寺庙由于年久失修，不受重视，梁柱结构都遭到破坏，有塌毁的危险。乡村寺庙是乡土建筑的重要组成，它承担着乡村藏民膜拜、祭祀等多项宗教功能，存在严重的安全隐患着实让人心忧。另外，诸多的遗址只留下断壁残垣，若得不到有效的保护将可能逐渐被风沙侵袭而归为尘土，亟须各方做出努力、筹集资金并出台政策、制定方案对其进行科学的保护和修复。

②要注重历史格局的保护和控制。阿里村落有着多个宗教活动的节点，还有村落凝聚的核心——寺庙，民居的集聚方式形成了自身的规律。在进行旅游规划或村落扩张时，必须注重保护整体聚落的格局，维持现有的生活秩序和宗教活动秩序。

③乡土村落中建筑的保护和旅游的发展都需要对传统建筑的周边环境进行建

设控制。新建的建筑必须从风貌上与原有建筑进行协调，并在建筑体量、高度、结构等方面进行一定规范性的控制，使整个村落的建筑文化保持一致性。

④使废弃的建筑得到有效的利用。阿里地区除了村落中有些不住人的建筑外，还有很多废弃的洞窟建筑。对于洞窟建筑群体应进行有效的利用，对于不住人的民居可进行内部装饰和布局改进，更新其功能，使其为旅游发展服务，使得传统民居的保护和旅游发展能相互促进。

⑤对游客进行保护教育和科学管理。已经开发为旅游点的村落应该制定合理的游客管理方案，编写旅游规则，设置各类标识牌提醒游客爱护文物，保护环境。在游客进入寺庙和村落前，进行保护教育，使其了解当地藏族的民风民俗，尊重当地文化和宗教习俗，对传统建筑自觉爱护。最好对游客容量进行控制，严格限制每日游客人数上限，避免旅游景点的无序膨胀。

3. 传统建筑技术的传承

保护阿里乡土建筑，不仅要保护现有的传统寺庙与民居，更要注重建造技术的传承，只有将传统的建筑技术传承下去，才能保证乡土建筑的永续发展。正是这种看起来"低"的建筑技术建造出颇具生态性的乡土建筑，这里的"低"是相对于日新月异的高技术而言的一种实用又够用的技术，是相对于现在"过剩的技术"而言的[1]。

①阿里村落的民居在建造时注重对地形地势的把握，少占平地，利用坡地，并且注重建筑的集聚性，向天空索要空间，不占用最为珍贵的耕地。这样既节约了土地，又建造出外形稳重大气的藏式碉房，体现出民族形式和地域特色，值得我们在现代住宅的设计中借鉴和学习。

②阿里乡土建筑往往利用当地的材料进行建造，充分利用天然泥土、石头等低成本的自然资源，采用泥浆砌筑，利用水稀释白土的涂料粉刷外墙。③不仅所用建筑材料无污染，而且土坯砌块、石块、木梁柱等还能重复使用。这与现代城市建设中建筑垃圾泛滥、污染环境形成了鲜明的对比。

③阿里乡土建筑造就了古朴的雕刻和彩绘艺术。阿里民居的梁柱常常施以彩绘，有些甚至雕刻精美的纹饰，室内则摆放着流光溢彩的藏式家具。这些艺术形式由匠人手工精心雕琢和绘制，绝非千篇一律的机器制品可比。阿里藏族的雕刻

---

1 毛良河.嘉绒藏寨建筑文化研究 [D].成都：西南交通大学，2005.

与彩绘艺术在题材内容和工艺技法上都具有鲜明的民族特色，并在长期发展中不断吸收、融汇了邻国尼泊尔、印度的外来艺术成分，是宝贵的非物质文化遗产，值得藏族手工艺者们代代传承。

4. 洞窟建筑的自我更新

阿里现存的洞窟难以计数，这是一笔宝贵的财富，是精绝的世界人类文化遗产，但是这些洞窟的现状令人堪忧。佛窟因为承载精美的佛教艺术而被保护起来，大多数被列入文物保护单位，然而仍然有很多佛窟壁画因保护不善而损毁。居住类洞窟则无人保护，保存好一些的被附近居民当做储藏室或牲畜圈，大多数则被荒废弃置，任由风吹日晒，有些已归为尘土。

阿里地区的洞窟建筑是藏族历史文明的载体，是远古人类穴居形式的延伸，是人类适应自然、改造自然的杰作，是早期藏族建筑形式的一种。所以不应弃之不管，应更新其功能，使其能重新利用起来。现拟举土耳其卡帕多西亚高原的一处洞窟建筑群的更新改造为例，希望可以给阿里诸多的洞窟建筑群的保护利用带来裨益和启发。

卡帕多西亚位于土耳其腹地，这里有数百年前多次火山爆发留下的火山灰，在漫长的岁月里，灰层不断积累，形成了几百米厚的凝灰岩层。在凝灰岩的表层往往又覆盖了一层较薄的火山熔岩。表层的火山熔岩冷却后形成了较为坚硬的玄武岩壳，而下面的凝灰岩层却多孔隙、质地较软。随着表层熔岩的冷却，

图 8-30 卡帕多西亚洞窟群

地表岩层出现大量的裂缝，地表水沿裂缝渗入，将下层的凝灰岩层削切出千沟万壑。在有坚硬玄武岩层保护的地方凝灰岩得以保存，这些地方为洞窟的开凿提供了载体，那些开挖在石柱、山岩上蜂窝般的窑洞和教堂群，构成了浩瀚的洞穴建筑群。格雷梅是卡帕多西亚地区的一座小城镇，在这里人们可以看到十几座散布在山岩洞穴的岩洞教堂和成片的曾经作为居住的洞窟（图 8-30），这些窑洞式的教堂是古代拜占庭文化艺术留下的瑰宝，被誉为拜占庭文化的活化石[1]。

---

1 大河.“烟囱”上的建筑：藏在石头里的窑洞和教堂[J].中国国家地理，2011（11）：132-143.

图 8-31　洞窟改造的艺术工作室　　　　　图 8-32　洞窟改造的厨房

　　格雷梅保存的窑洞教堂从外部看起来很不起眼，像是在光秃秃的石柱上面开的黑洞样的窗孔，而内部却有着华丽的雕刻和精美的壁画，不亚于传统的中世纪的教堂。从某种意义上讲，这些窑洞教堂与其说是建筑不如说是雕塑艺术。这些教堂已经改建为艺术博物馆而对外开放。很多积累了厚重文化的窑洞，又肩负起传承艺术的重任，吸引了艺术家们驻扎在这里。艺术家们将有些窑洞改造为艺术工作室，生产各种手工艺品。土耳其摄影师乔纳森就将工作室安放在该地区的一处洞穴中，并在旁边另租赁一个小的洞穴作为厨房，这样工作和生活可以不受影响（图 8-31、图 8-32）。

图 8-33　洞窟改造的酒店外观　　　　　图 8-34　洞窟改造的酒店房间内部

　　此外，诸多的窑洞被当地人改造成酒店，用来接待参观考察的游客。窑洞式酒店很多按照现代酒店的装饰标准改造，房间内铺设地毯，设有主卧室和厨房。洞窟式的酒店给游客带来新奇的感受，到了夜晚，房间内点起汽油灯，让周围的一切显得静谧而温馨（图8-33、图8-34）。

　　格雷梅洞窟群的改造给阿里洞窟群的未来提供了诸多参考，两处洞窟群皆是宗教建筑与民居建筑的集合体，皆有宗教艺术的留痕。阿里洞窟群是古代象雄、古格文化艺术留下的瑰宝，是藏族文化的活化石，对它的保护、改造与利用有着十分重要的意义。

图片索引

第三章　阿里洞窟民居

图 3-15　古格王国都城遗址主体土山模型示意　图片来源：曾庆璇绘

（a）总平面图　（b）东立面海拔高度示意　（c）东北角仰视　（d）东北角俯视

图 3-16　古格王国都城遗址中的防御性建筑　图片来源：曾庆璇摄

（a）北面山脚下的圆形碉堡　（b）北面山腰上的防卫墙

图 3-17　皮央洞窟群中的山路　图片来源：曾庆璇摄

（a）远观　（b）局部

图 3-18　玛那洞窟群崖壁上的孔洞　图片来源：曾庆璇摄

图 3-19　古宫寺洞窟外部的悬挑木走廊　图片来源：曾庆璇摄

（a）僧舍外部　（b）洞窟外部

图 3-20　古格洞窟群中两户洞窟式民居间的暗道　图片来源：曾庆璇摄、绘

（a）暗道两端　（b）暗道剖面

图 3-21　洞窟民居单体选址示意图　图片来源：曾庆璇绘

（a）靠山式　（b）沿沟式

图 3-22　不同位置的洞窟民居的门前布置　图片来源：曾庆璇摄

（a）古格洞窟群中洞窟门前的平台　（b）皮央洞窟群中洞窟门前石头垒砌的平台

（c）古格洞窟群缓坡地带的洞窟　（d）玛那洞窟群中崖面上的洞窟

图 3-23　洞窟式民居的门洞　图片来源：曾庆璇摄

（a）门洞上部架设木过梁的凹洞　（b）门洞四周由石块填砌起来

（c）门洞上方设有通风采光口

图 3-24　洞窟内部龛洞剖面示意图　图片来源：曾庆璇绘

图 3-25　内壁上形状奇特的壁龛　图片来源：曾庆璇摄、绘

（a）侧室内壁上相邻的三个壁龛　（b）1 米宽的壁龛

（c）主室中三个相邻的壁龛　（d）纵、横剖面图

图 3-26　泥灶台　图片来源：曾庆璇摄、绘

（a）泥灶台　（b）泥灶台平面、剖面图

图 3-27　储物槽　图片来源：曾庆璇摄

图 3-28　石台　图片来源：曾庆璇摄

图 3-29　实例 1　图片来源：曾庆璇摄、绘

（a）平面、剖面图　（b）室内西壁及西南角　（c）北壁上的小孔

图 3-30　实例 2　图片来源：曾庆璇摄、绘

第四章　阿里碉房民居

（a）普兰科迦村民居　　（b）札达古格民居

图 4-7　"围火而居"的生活格局　图片来源：徐二帅绘

图 4-8　民居墙体用土坯砖　图片来源：汪永平摄

图 4-9　夯土墙施工　图片来源：汪永平摄

图 4-10　民居柱式　图片来源：《藏族民居建筑文化研究》

图 4-11　梁架与托木　图片来源：汪永平摄

图 4-12　屋面构造　图片来源：《古格王国建筑遗址》

图 4-13　民居屋面或楼面做法　图片来源：汪永平摄

图 4-14　檐口构造　图片来源：汪永平、徐二帅摄

图 4-15　民居的生态效应　图片来源：《藏族民居建筑文化研究》

图 4-16　院落中的菜园　图片来源：汪永平摄

图 4-17　加工土坯砖　图片来源：汪永平摄

图 4-18　实例 13 测绘图　图片来源：《古格王国建筑遗址》

图 4-19　实例 14 测绘图　图片来源：《古格王国建筑遗址》

图 4-20　拉萨德吉康萨　图片来源：汪永平摄

（a）外观　　（b）内院

图 4-21　山南泽当民居　图片来源：汪永平摄

（a）外观　　（b）室内　　（c）院落

图 4-22　日喀则夏鲁村民居　图片来源：汪永平摄

（a）鸟瞰　　（b）入口　　（c）外墙粉刷

图 4-23　日喀则萨迦民居　图片来源：汪永平摄

（a）鸟瞰　　（b）入口

图 4-24　林芝民居　图片来源：汪永平摄

（a）旧民居　（b）新民居　（c）彩绘

图 4-25　那曲县江达民居　图片来源：孙正摄

（a）鸟瞰　　（b）外观　　（c）墙体

图 4-26　那曲县寺庙僧人住宅　图片来源：孙正摄

（a）外观　　（b）室内

图 4-27　昌都贡觉雄松民居　图片来源：汪永平摄

（a）鸟瞰　　（b）外观　　（c）屋顶　　（d）室内

第六章　阿里寺庙建筑

第七章　阿里村落的选址与布局

第八章　阿里传统建筑与喜马拉雅文化的联系

参考文献

1. 中文专著

[1] 索朗旺堆 . 阿里地区文物志 [M]. 拉萨：西藏人民出版社，1993.

[2] 古格·次仁加布 . 阿里史话 [M]. 拉萨：西藏人民出版社，2003.

[3] 四川大学中国藏学研究所，四川大学历史文化学院考古系，西藏自治区文物事业管理局 . 皮央·东嘎遗址考古报告 [M]. 成都：四川人民出版社，2008.

[4] 西藏自治区文物管理委员会 . 古格故城 [M]. 北京：文物出版社，1991.

[5] 陈耀东 . 中国藏族建筑 [M]. 北京：中国建筑工业出版社，2006.

[6] 中国科学院青藏高原综合考察队 . 西藏地貌 [M]. 北京：北京科学出版社，1983.

[7] 恰白·次旦平措，诺章·吴坚，平措次仁 . 西藏通史 [M]. 拉萨：西藏社会科学院，中国西藏杂志出版社，西藏古籍出版社，1996.

[8] 日本种智院大学密教协会 . 西藏密教研究 [M]. 台北：华宇出版社，1989.

[9] 王辉，彭措朗杰 . 西藏阿里地区文物抢救保护工程报告 [M]. 北京：科学出版社，2002.

[10] 蒋学模 . 人类社会发展史话 [M]. 第 4 版 . 北京：中国青年出版社，1962.

[11]《中国建筑史》编写组 . 中国建筑史 [M]. 第 2 版 . 北京：中国建筑工业出版社，1986.

[12] 侯继尧，王军 . 中国窑洞 [M]. 郑州：河南科学技术出版社，1999.

[13] 侯继尧，任致远，周培南，等 . 窑洞民居 [M]. 北京：中国建筑工业出版社，1989.

[14] 孟子·藤文公 .

[15] 徐平 . 西藏密境 [M]. 北京：知识出版社，2001.

[16] 汪永平 . 拉萨建筑文化遗产 [M]. 南京：东南大学出版社，2005.

[17] 徐宗威 . 西藏传统建筑导则 [M]. 北京：中国建筑工业出版社，2002.

[18] 宿白 . 藏传佛教寺院考古 [M]. 北京：文物出版社，1996.

[19] 杨嘉铭，赵心愚，杨环 . 西藏建筑的历史文化 [M]. 西宁：青海人民出版社，2003.

[20] 姜安 . 藏传佛教 [M]. 海口：海南出版社，2003.

[21] 西藏风物志 [M]. 拉萨：西藏人民出版社，1999.

[22] 新唐书·吐蕃传 .

[23] 柴焕波 . 西藏艺术考古 [M]. 北京：中国藏学出版社，2002.

[24] 次旦扎西 . 西藏地方古代史 [M]. 拉萨：西藏人民出版社，2004.

[25] 张鹰 . 人文西藏——传统建筑 [M]. 上海：上海人民出版社，2009.

[26] 邓侃 . 西藏的魅力 [M]. 拉萨：西藏人民出版社，1999.

[27] 木雅·曲吉建才 . 西藏民居 [M]. 北京：中国建筑工业出版社，2009.

[28] 西藏建筑勘察设计院 . 古格王国建筑遗址 [M]. 北京：中国建筑工业出版社，2011.

[29] 杨年华 . 神奇的阿里文化——中国西藏阿里纪行 [M]. 西宁：青海人民出版社，1995.

[30] 罗桑开珠 . 明轮藏式建筑研究论文集 [M]. 北京：中国藏学出版社，2012.

[31] 金书波 . 从象雄走来 [M]. 拉萨：西藏人民出版社，2012.

[32] 马丽华 . 西行阿里 [M]. 北京：中国藏学出版社，2007.

[33] 丹珠昂奔 . 藏族文化发展史 [M]. 兰州：甘肃教育出版社，2001.

[34] 刘志扬 . 乡土西藏文化传统的选择与重构 [M]. 北京：民族出版社，2006.

[35] 塔热·次仁玉珍 . 西藏地域和人文 [M]. 拉萨：西藏人民出版社，2005.

[36] 李涛，江红英 . 西藏民俗 [M]. 北京：五洲传播出版社，2002.

[37] 尕藏加 . 密宗——藏传佛教神秘文化 [M]. 北京：中国藏学出版社，2007.

[38] 叶启燊 . 四川藏族建筑 [M]. 成都：四川民族出版社，1985.

[39] 才让太 . 藏传佛教信仰与民俗 [M]. 北京：民族出版社，1999.

[40] 扎雅，诺丹西绕 . 西藏宗教艺术 [M]. 拉萨：西藏人民出版社，1989.

[41] 魏强 . 藏族宗教与文化 [M]. 北京：中央民族大学出版社，2002.

[42] 陈庆英 . 中国藏族部落 [M]. 北京：中国藏学出版社，1991.

[43] 阿旺罗丹，次多，普次 . 西藏藏式建筑总览 [M]. 成都：四川美术出版社，2007.

[44] 仁青巴珠 . 藏族传统装饰艺术 [M]. 拉萨：西藏人民出版社，1995.

[45] 赵永红 . 文化雪域 [M]. 北京：中国藏学出版社，2006.

[46] 刘敦桢 . 中国住宅概说 [M]. 天津：百花文艺出版社，2003.

[47] 孙大章 . 中国民居研究 [M]. 北京：中国建筑工业出版社，2004.

[48] 陈志华 . 乡土中国——楠溪江中游古村落 [M]. 北京：生活·读书·新知三联书店，2002.

[49] 陈志华 . 乡土建筑的价值和保护 [M]. 北京：中国建筑工业出版社，1997.

[50] 陈志华，李秋香 . 中国乡土建筑初探 [M]. 北京：清华大学出版社，2012.

[51] 李秋香 . 中国村居 [M]. 天津：百花文艺出版社，2002.

[52] 刘沛林 . 古村落：和谐的人居空间 [M]. 北京：生活·读书·新知三联书店，1997.

[53] 陆元鼎 . 中国传统民居与文化 [M]. 北京：中国建筑工业出版社，1991.

[54] 陆元鼎 . 民居史论与文化 [M]. 广州：华南理工大学出版社，1995.

[55] 王其钧 . 中国民居 [M]. 上海：上海人民美术出版社，1991.

[56] 李晓峰 . 乡土建筑：跨学科研究理论与方法 [M]. 北京：中国建筑工业出版社，2005.

[57] 吴良镛 . 广义建筑学 [M]. 北京：清华大学出版社，2011.

[58] 亢羽，亢亮 . 风水与建筑 [M]. 天津：百花文艺出版社，1999.

[59] 张彤 . 整体地区建筑 [M]. 南京：东南大学出版社，2003.

[60] 中国建筑工业出版社 . 西藏古迹 [M]. 北京：中国建筑工业出版社，1984.

[61]《藏族简史》编写组 . 藏族简史 [M]. 拉萨：西藏人民出版社，1985.

[62] 陈履生 . 西藏寺庙 [M]. 北京：人民美术出版社，1994.

[63] 王森 . 西藏佛教发展史略 [M]. 北京：中国社会科学出版社，1997.

[64] 王尧，陈庆英 . 西藏历史文化辞典 [M]. 拉萨：西藏人民出版社，1998.

[65] 东嘎·洛桑赤列 . 论西藏政教合一制度 [M]. 陈庆英，译 . 北京：中国藏学出版社，2001.

[66] 彭英全 . 西藏宗教概说 [M]. 拉萨：西藏人民出版社，2002.

[67] 陈庆英，高淑芬 . 西藏通史 [M]. 郑州：中州古籍出版社，2003.

[68] 张世文 . 藏传佛教寺院艺术 [M]. 西藏：西藏人民出版社，2003.

[69] 陈秉志，次多 . 青藏建筑与民俗 [M]. 天津：百花文艺出版社，2004.

[70] 西藏自治区政协文史民族宗教法制委员会 . 西藏文史资料选集 [M]. 北京：民族出版社，2004.

[71] 萧默 . 天竺建筑行纪 [M]. 北京：生活·读书·新知三联书店，2007.

[72] 谢小英 . 神灵的故事：东南亚宗教建筑 [M]. 南京：东南大学出版社，2008.

[73] 张蕊侠，张建林，夏格旺堆 . 西藏阿里壁画线图集 [M]. 拉萨：西藏人民出版社，2011.

[74] 廓诺·迅鲁伯 . 青史 [M]. 郭和卿，译 . 拉萨：西藏人民出版社，2003.

[75] 蔡巴·贡噶多吉 . 红史 [M]. 东嘎·洛桑赤列，校注；陈庆英，周润年，译 . 拉萨：西藏人民出版社，2002.

[76] 陈家琎 . 西藏森巴战争 [M]. 北京：中国藏学出版社，2000.

[77] 次旺俊美 . 西藏宗教与政治、经济、文化的关系 [M]. 拉萨：西藏人民出版社，2008.

[78] 西藏民族学院 . 藏族历史与文化论文集 [M]. 拉萨：西藏人民出版社，2009.

[79] 常霞青 . 麝香之路上的西藏宗教文化 [M]. 杭州：浙江人民出版社，1988.

[80] 扎洛 . 菩提树下：藏传佛教文化圈 [M]. 西宁：青海人民出版社，1997.

[81] 霍巍 . 古格王国 [M]. 成都：四川人民出版社，2002.

2. 外文专 / 译著

[1]Ramesh K Dhungel. The Kingdom of Lo(Mustang) [M].Kathmandu： Tashi Gephel Foundation，2002.

[2] [意]G 杜齐 . 西藏考古 [M]. 向红茄，译 . 拉萨：西藏人民出版社，2004.

[3] [意] 图齐 . 西藏宗教之旅 [M]. 耿昇，译 . 北京：中国藏学出版社，2005.

[4] [法] 石泰安 . 西藏的文明 [M]. 耿昇，译 . 北京：中国藏学出版社，2005.

[5] [英] 爱德华·B 泰勒 . 人类学：人及其文化研究 [M]. 桂林：广西师范大学出版社，2004.

[6] [英] 罗伯特·沙敖 . 一个英国"商人"的冒险——从克什米尔到叶尔羌 [M]. 王欣，韩香，译 . 乌鲁木齐：新疆人民出版社，2003.

[7] [意] 图齐 . 梵天佛地：仁钦桑布及公元 1000 年左右藏传佛教的复兴 [M]. 魏正中，萨尔吉，主编 . 上海：上海古籍出版社，2009.

[8] [意] 图齐 . 梵天佛地：西藏西部的寺院及其艺术象征·斯比蒂与库那瓦 [M]. 魏正中，萨尔吉，主编 . 上海：上海古籍出版社，2009.

[9] [意] 图齐 . 梵天佛地：西藏西部的寺院及其艺术象征·扎布让 [M]. 魏正中，萨尔吉，主编 . 上海：上海古籍出版社，2009.

[10] [意] 图齐 . 梵天佛地：索引及译名对照表 [M]. 魏正中，萨尔吉，主编 . 上海：上海古籍出版社，2009.

[11] [意] 大卫·杰克逊 . 西藏绘画史 [M]. 向红茄，谢继胜，熊文彬，译 . 拉萨：西藏人民出版社，2001.

[12] [法] 罗伯尔·萨耶 . 印度—西藏的佛教密宗 [M]. 耿昇，译 . 北京：中国藏学出版社，2000.

[13] [美] 梅·戈尔斯坦 . 喇嘛王国的覆灭 [M]. 杜永彬，译 . 北京：中国藏学出版社，2005.

[14] [美] 阿摩斯· 拉普卜特 . 宅形与文化 [M]. 常青，徐菁，李颖春，等，译 . 北京：中国建筑工业出版社，2007.

[15] [日] 原广司 . 世界聚落的教示 100[M]. 于天伟，刘淑梅，马千里，译 . 北京：中国建筑工业出版社，2003.

[16] [美] 凯文·林奇 . 城市意象 [M]. 方益萍，译 . 北京：华夏出版社，2001.

[17] [美] 伯纳德·鲁道夫斯基 . 没有建筑师的建筑：简明非正统建筑导论 [M]. 高军，译 . 天津：天津大学出版社，2011.

[18] [美] 肯尼斯·弗兰普顿 . 现代建筑——一部批判的历史 [M]. 原山，等，译 . 北京：中

国建筑工业出版社，1988.

[19]Marilia Albanese.Architecture in India[M].Sandeep Prakashan，1999.

[20]A Path to the Void[M].India Publishing Company，1998.

[21]Kindersley Dorling B.DK Eyewitness Travel Guide：India[M].London：Dorling Kindersley，1996.

[22]Illustrated Atlas of the Himalaya[M].New Delhi：India Research Press，2006.

3. 期刊 / 论文

[1] 宫本道夫 .13 世纪拉达克地区壁画状况 [A]// 敦煌研究院 . 敦煌壁画艺术继承与创新国际学术研讨会论文集 [C]. 上海：上海辞书出版社，2008：671–683.

[2] 王璐 . 尼泊尔木斯塘地区的古代洞穴遗址 [A]// 四川联合大学西藏考古与历史文化研究中心，西藏自治区文物管理委员会 . 西藏考古第 1 辑 [C]. 成都：四川大学出版社，1994：201–202.

[3] 西藏高原也是原始人类的故乡 [A]// 格勒 . 格勒人类学、藏学论文集 [C]. 北京：中国藏学出版社，2006：8–18.

[4] 西藏自治区文物局，四川联合大学考古专业 . 西藏阿里东嘎、皮央石窟考古调查简报 [J]. 文物，1997(09)：6–22.

[5] 冯学红，东·华尔丹 . 藏族苯教文化中的冈底斯神山解读 [J]. 中国边疆史地研究，2008(04)：110–115.

[6] 张秋艳 . 西藏阿里扎达古格王国遗址中的建筑修缮技术 [J]. 古建园林技术，2010(01)：26–31.

[7] 张秋艳 . 西藏札达古格王国都城遗址中的建筑 [J]. 古建园林技术，2010(01)：36–39.

[8] 李蔚，小丁 . 西藏古格王国遗址考察记 [J]. 中国少数民族，1985(11)：137–138.

[9] 黄博 . 试论古代西藏阿里地域概念的形成与演变 [J]. 中国边疆史地研究，2011(01)：130–150.

[10] 邓利剑 . 初探西藏阿里东嘎石窟遗址 [J]. 大众文艺，2009(20)：77.

[11] 朱大岗，孟宪刚，邵兆刚，等 . 西藏阿里札达盆地上新世——早更新世的古植被、古环境与古气候演化 [J]. 地质学报，2007(03)：295–306.

[12] 陈岖 . 敦煌莫高窟洞窟形制解读 [J]. 古建园林技术，2007(04)：30–32.

[13] 黄博 . 清代西藏阿里的域界与城邑 [J]. 中国藏学，2009(04)：9–16.

[14] 王晖. 西藏阿里苹果小学 [J]. 时代建筑，2006(04).

[15] 筱洲. 西藏传统民居略述 [J]. 西藏研究，1997(01).

[16] 陈立明. 西藏民居文化研究 [J]. 西藏民族学院学报 (哲学社会科学版)，2002(03).

[17] 贡桑尼玛. 西藏寺庙与民居建筑色彩初探 [J]. 西藏艺术研究，2006(04).

[18] 四川大学历史文化学院，四川大学中国藏学研究所，西藏自治区文物事业管理局. 西藏札达县皮央 – 东嘎 1997 年调查与发掘 [J]. 考古学报，2001(03).

[19] 唐岭飞，周波，王瑾. 乡土建筑现代化——以藏式建筑为例 [J]. 四川建筑，2005(09).

[20] 辛克靖. 藏族建筑艺术 [J]. 建筑知识，2005(01).

[21] 薛艳丽，王祥伟. 敦煌石窟形制的演变与心理视觉效应 [J]. 艺术探索，2011(04).

[22] 王升. 建筑文化的地域性 [J]. 安徽建筑，2006(02).

[23] 牛婷婷，汪永平，焦自云. 试析哲蚌寺的选址和布局 [J]. 华中建筑，2010(06).

[24] 宗晓萌，汪永平. 阿里地区的窑洞 [J]. 华中建筑，2011(06).

[25] 何泉. 藏族民居建筑文化研究 [D]. 西安：西安建筑科技大学，2009.

[26] 毛良河. 嘉绒藏寨建筑文化研究 [D]. 成都：西南交通大学，2005.

[27] 刘明娟. 拉萨传统聚落研究——以拉萨次角林村为例 [D]. 天津：天津大学，2011.

[28] 张燕. 川西沙尔宗嘉绒藏族民居研究 [D]. 西安：西安建筑科技大学，2012.

[29] 谢娇. 四川甘孜州藏族民居研究——以甲居藏寨为例 [D]. 西安：西安建筑科技大学，2010.

[30] 乔小河. 时间与空间中的西藏农村民居——以堆龙德庆县那嘎村为例 [D]. 北京：中央民族大学，2012.

[31] 星全成. 关于藏族文化发展分期问题 [J]. 青海民族研究，1993(04)：15–21.

[32] 才让太. 再探古老的象雄文明 [J]. 中国藏学，2005(01)：18–32.

[33] 尊胜. 分裂时期的阿里诸王朝世系——附：谈 "阿里三围" [J]. 西藏研究，1990(03)：55–66.

[34] 才让太. 冈底斯神山崇拜及其周边的古代文化 [J]. 中国藏学，1996(01)：67–79.

[35] 霍巍. 古格与冈底斯山一带佛寺遗迹的类型及初步分析 [J]. 中国藏学，1997(01)：83–101.

[36] 才让太. 古老象雄文明 [J]. 西藏研究，1985(02)：96–104.

[37] 古子文. 极地文化的起源和雅隆文化的诞生与发展 [J]. 西藏研究，1990(04)：89–102.

[38] 霍巍，李永宪. 揭开古老象雄文明的神秘面纱——象泉河流域的考古调查 [J]. 中国西藏，

2005(01)：40-44.

[39] 索南才让. 论西藏佛塔的起源及其结构和类型 [J]. 西藏研究，2003(02)：82-88.

[40] 汤惠生. 青藏高原的岩画与本教 [J]. 中国藏学，1996(02)：91-103.

[41] 杨正刚. 苏毗初探（一)[J]. 中国藏学，1989(03)：35-43.

[42] 霍巍. 西藏考古新发现及其意义 [J]. 四川大学学报，1991(02)：88-96.

[43] 顿珠拉杰. 西藏西北部地区象雄文化遗迹考察报告 [J]. 西藏研究，2003(03)：93-108.

[44] 霍巍. 西藏西部早期文明的考古学探索 [J]. 西藏研究，2005(01)：43-50.

[45] 黄布凡. 象雄，藏族传统文化的源头之一 [J]. 中国典籍与文化，1996(01).

[46] 霍巍. 中亚文明视野中的上古西藏——读张云上古西藏与波斯文明 [J]. 西藏研究，
      2006(03)：97-101.

[47] 格勒. 拜访苯教故地 [J]. 中国西藏，2004(05)：40-41.

[48] 才让太. 苯教的现状及其与社会的文化融合 [J]. 西藏研究，2006(03)：25-32.

[49] 才让太. 苯教在吐蕃的初传及其与佛教的关系 [J]. 中国藏学，2006(02)：237-244.

[50] 柏景. 藏区苯教寺庙建筑发展述略 [J]. 西北民族大学学报，2006(01)：10-18.

[51] 拉巴次仁. 藏族先民的原始信仰——略谈藏族苯教文化的形成及发展 [J]. 西藏大学学报，
      2006(03)：76-80.

[52] 罗桑开珠. 略谈苯教历史发展的特点 [J]. 西北民族学院学报，2002(04)：89-93.

[53] 康·格桑益希. 阿里古格佛教壁画溯源 [J]. 民族艺术研究，2004(04)：35-46.

[54] 郭亮. 犍陀罗艺术与中国早期佛教艺术 [J]. 丝绸之路，2003(S1)：78-79.

[55] 李逸之. 西藏西部的佛像雕塑艺术 [J]. 中国西藏：中文版，2006(3)：50-57.

[56] 霍巍. 西藏西部佛教石窟壁画中的波罗艺术风格 [J]. 考古与文物，2005(04)：73-80.

[57] 马学仁. 藏传佛教艺术中的人体绘画比例法研究 [J]. 西北民族学院学报，2003(01)：
      120-126.

[58] 霍巍，李永宪. 东嘎皮央的石窟与壁画艺术 [J]. 西藏旅游，2006(Z1).

[59] 马学仁. 佛像的产生与演变（下)[J]. 西藏艺术研究，2002(03)：31-38.

[60] 刘慧. 笈多造像艺术风格研究 [J]. 艺术教育，2012(03)：123.

[61] 宫治昭著. 犍陀罗初期佛像 [J]. 敦煌学辑刊，2006(04)：122-130.

[62] 马学仁. 犍陀罗艺术与佛像的产生 [J]. 西北民族研究，2010(04)：120-207.

[63] 胡彬彬. 论长江流域早期佛教造像的古印度影响 [J]. 湖南大学学报，2011(05)：118-
      122.

[64] 王幼凡.试论中外美术交流的三次浪潮 [J]. 湘潭师范学院学报，1999(02)：81-83.

[65] 李逸之.西藏阿里地区早期擦擦——古格遗址 10-12 世纪模制泥佛造像 [J]. 西藏民俗，2003(03)：60-62.

[66] 周菁葆.西藏阿里古格佛教壁画中的人体艺术 [J]. 艺术百家，2012(02)：163-172.

[67] 克·东杜普.西藏与尼泊尔的早期关系 (七—八世纪)[J]. 西藏研究，1987(02)：108-110.

[68] 克里斯汀·罗扎尼茨.喜马拉雅地区的早期佛教木刻艺术 [J]. 王雯，译.西藏研究，2003(03)：115-120.

[69] 张亚莎.印度·卫藏·敦煌的波罗——中亚艺术风格论 [J]. 敦煌研究，2002(03)：1-8.

[70] 褚俊杰.阿底夏与十一世纪西藏西部的佛教 [J]. 西藏研究，1989(02)：55-69.

[71] 石硕.从拔协的记载看藏传佛教后弘期上、下两路弘传的不同特点及历史作用 [J]. 西藏研究，2008(02)：51-58.

[72] 戴发望.后弘期西藏的政教合一制度 [J]. 中国藏学，2006(03)：48-52.

[73] 张长红.西藏西部仁钦桑布时期佛教遗迹考察 [J]. 西藏研究，2008(02)：54-59.

[74] 格勒.托林寺踏古 [J]. 中国西藏，2004(04)：21-25.

[75] 王松平.西藏阿里象雄文化发掘与保护探析 [J]. 西南民族大学学报，2011(09)：38-41.

[76] 扎西龙珠，采访.阿里普兰一带是藏族文化的重要发祥地之一 [J]. 亚东·达瓦次仁，译.西藏大学学报，2011(03)：1-6.

[77] 石硕.藏地山崖式建筑的起源及本教文化内涵 [J]. 中国藏学，2011(03)：148-153.

[78] 黄博.试论古代西藏阿里地域概念的形成与演变 [J]. 中国边境史地研究，2011(03)：130-150.

[79] 黄布凡.象雄历史地理考略——兼述象雄文明对吐蕃文化的影响 [J]. 西北史地，1996(01)：13-19.

[80] 杨铭.羊同国地望辑考 [J]. 敦煌学辑刊，2001(01)：86-94.

[81] 郎维伟，郎艺.中国古代藏族形成解析 [J]. 民族学刊，2011(04)：25-32.

[82] 中根千枝.中国与印度：从人类学视角来看文化边陲 [J]. 北京大学学报，2007(03)：143-147.

[83] 岗措.多元文化交融的古格佛教艺术——评介西藏西部的佛教史与佛教文化研究 [J]. 中央民族大学学报，2006(04)：102-104.

[84] 李珉.略论印度中期佛教艺术 [J]. 南亚研究季刊，2004(03)：82-94.

[85] 英卫峰.试论 11—13 世纪卫藏佛教艺术中的有关波罗艺术风格 [J]. 西藏研究，2008(04)：34-41.

[86] 霍巍.从考古材料看吐蕃与中亚、西亚的古代交通——兼论西藏西部在佛教传入吐蕃过程中的历史地位 [J]. 中国藏学，1995(04)：48-63.

[87] 霍巍.西藏西部佛教石窟中的曼荼罗与东方曼荼罗世界 [J]. 中国藏学，1998(03)：109-127.

[88] 周晶，李天.藏式宗堡建筑在喜马拉雅地区的分布及其艺术特征研究 [J]. 西藏研究，2008(04)：71-79.

[89] 周晶，李天.拉达克藏传佛教寺院建筑地域性艺术特征研究 [J]. 西藏民族学院学报，2010(01)：26-30.

[90] 周晶，李天.喜马拉雅地区藏传佛教建筑的分布及其艺术特征研究 [J]. 西藏民族学院学报，2008(07)：38-48.

4. 网络资料

[1] 普兰县 [EB/OL].(2011-04-03).http://baike.baidu.com.

[2] 木斯塘 [EB/OL].(2010-05-14).http://zh.wikipedia.org.

[3] 新浪环球地理.木斯塘 [EB/OL].(2009-11-20).http://www.sina.com.cn.

[4] 中国藏学网（中国藏学研究中心）[EB/OL].http://www.tibetology.ac.cn.

[5] 中国西藏 [EB/OL].http://www.tibet-china.org.

[6] 西藏地理 [EB/OL].http://www.greatestplaces.org/notes/tibet.htm.

[7] 百度百科 [EB/OL].http://baike.baidu.com.

[8] 建筑论坛 [EB/OL].http://www.abbs.com.cn.

[9] 阿里地区旅游政务网：http://www.ally.gov.cn.

[10] 阿里网：http://www.xzali.gov.cn.

[11] 中国藏学网：http://www.tibetology.ac.cn.

附录一 阿里地区各级文物保护单位名录

全国重点文物保护单位			
序号	名称	年代	详细地点
1	古格王国遗址	11—17 世纪	札达县札布让区东嘎乡
2	托林寺	11 世纪	札达县
3	科迦寺	996 年	普兰县科迦村科迦乡

西藏自治区级文物保护单位			
序号	名称	年代	详细地点
1	香柏林寺遗址	12 世纪	阿里地区普兰县
2	多香城堡遗址	11 世纪	阿里地区札达县
3	玛那寺及玛那遗址	11 世纪	阿里地区札达县托林镇
4	香孜遗址	11 世纪	阿里地区札达县香孜乡
5	东嘎·扎西曲林寺遗址	11 世纪	阿里地区札达县东嘎乡
6	达巴遗址	11 世纪	阿里地区札达县达巴乡
7	曲布多部石构遗迹	公元前 11 世纪—公元 6 世纪	阿里地区改则县
8	日土宗遗址	元—清	阿里地区日土县
9	卡尔东遗址	5—7 世纪	阿里地区噶尔县门士乡
10	扎西岗寺	14—15 世纪	阿里地区噶尔县扎西岗区
11	益日寺	11 世纪	阿里地区札达县香孜乡
12	古宫寺	15 世纪	阿里地区普兰县普兰镇
13	热布加林寺	11 世纪	阿里地区札达县香孜乡
14	卡孜寺	11 世纪	阿里地区札达县
15	普日寺	11 世纪	阿里地区札达县底雅乡
16	日土岩画点	唐	阿里地区日土县
17	皮央石窟	11—14 世纪	阿里地区札达县东嘎乡皮央村
18	纳曲宗普洞窟	13 世纪	阿里地区普兰县
19	普兰喜德观音碑	16 世纪	阿里地区普兰县普兰镇
20	狮泉河烈士陵园	1965 年	阿里地区狮泉河镇

西藏自治区县级文物保护单位			
1	托林寺旧址	996 年	札达县托林镇札布让村
2	色底寺遗址	吐蕃分治时期	札达县曲松乡曲木底村
3	当巴寺	12 世纪	札达县萨让乡萨让村
4	白嘎寺	清	札达县萨让乡萨让村
5	萨让寺	清	札达县萨让乡萨让村
6	日巴寺	10 世纪	札达县萨让乡日巴村
7	日尼寺	明	札达县底雅乡底雅村
8	曲色寺	清	札达县萨让乡日巴村
9	西谢寺	清	札达县香孜乡热布加林村
10	曲龙寺	清	札达县达巴乡曲龙村
11	白东波寺	10—13 世纪	札达县托林镇东嘎村
12	曼扎拉康	清	札达县曲松乡楚鲁松杰村
13	楚鲁拉康	清	札达县曲松乡楚鲁松杰村
14	强久林寺	清	札达县曲松乡楚鲁松杰村
15	底雅拉康	清	札达县底雅乡底雅村
16	久巴拉康	清	札达县底雅乡什布奇村
17	玛央拉康	清	札达县底雅乡底雅村
18	色贡拉康	清	札达县底雅乡什布奇村
19	什布奇拉康	清	札达县底雅乡什布奇村
20	东坡热旦寺	清	札达县达巴乡东坡村
21	岗巴扎西曲林寺	清	札达县底雅乡日巴村
22	努巴扎西曲林寺	明	札达县底雅乡鲁巴村
23	贡布扎西曲林寺	明	札达县底雅乡鲁巴村
24	达巴扎西伦布寺	清	札达县达巴乡达巴村
25	帕角平措热布旦林寺	清	札达县曲松乡楚鲁松杰村
26	热木旦强久林寺	清	札达县香孜乡香孜村
27	桑旦达杰林石窟寺	吐蕃分治时期—清	札达县香孜乡热布加林村
28	卡孜江洛坚石窟	吐蕃分治时期	札达县托林镇札布让村
29	卡孜酿石窟洞	吐蕃分治时期	札达县托林镇札布让村

西藏自治区县级文物保护单位			
30	卡孜扎宗石窟	吐蕃分治时期	札达县托林镇札布让村
31	达巴 木石窟	吐蕃分治时期	札达县达巴乡达巴村
32	达巴夏尔石窟	吐蕃分治时期	札达县达巴乡达巴村
33	达巴阿钦石窟	吐蕃分治时期	札达县达巴乡东坡村
34	达巴帮扎石窟	吐蕃分治时期	札达县达巴乡东坡村
35	白东波石窟	吐蕃分治时期	札达县托林镇东嘎村
36	曲龙石窟	明	札达县达巴乡曲龙村
37	吉日石窟	吐蕃分治时期	札达县托林镇札布让村
38	夏朗石窟	吐蕃分治时期	札达县香孜乡热布加林村
39	芒扎石窟	吐蕃分治时期	札达县托林镇札布让村
40	夏沟石窟	吐蕃分治时期	札达县托林镇东嘎村
41	桑达石窟	吐蕃分治时期	札达县托林镇札布让村
42	香巴西丹果石窟	吐蕃分治时期	札达县香孜乡香孜村

附录二 阿里地区寺庙、拉康总表

序号	寺庙名称	教派	创建年代	详细地点
1	托林	格鲁	996 年	札达县扎让乡托林村
2	喀泽	萨迦	10 世纪	札达县柏林乡喀泽村
3	玛那寺	格鲁	11 世纪	札达县扎让乡玛那村
4	拜东波	格鲁	—	札达县扎让乡东波村
5	东波	格鲁	—	札达县东嘎乡东波村
6	朵香	格鲁	—	札达县柏林乡朵香村
7	皮央	萨迦	—	札达县东嘎乡皮央村
8	香孜	格鲁	—	札达县香孜乡香孜村
9	喜偕	萨迦	—	札达县香孜乡喜偕村
10	热布加林	萨迦	—	札达县香孜乡热布加林村
11	噶色	噶举	—	札达县香孜乡江当巴村
12	色帝	格鲁	—	札达县曲松乡曲木帝村
13	楚鲁拉康	格鲁	—	札达县曲松乡楚鲁村
14	江久林	格鲁	—	札达县曲松乡楚鲁松杰村
15	蔓扎拉康	格鲁	—	札达县曲松乡楚鲁松杰村
16	彭措热旦	格鲁	—	札达县曲松乡巴交村
17	卡日	格鲁	—	札达县曲松乡卡日村
18	什布奇拉康	噶举	—	札达县底雅乡什布奇村
19	久巴拉康	噶举	—	札达县底雅乡什布奇村
20	日尼拉康	噶举	—	札达县底雅乡日尼村
21	色孔拉康	噶举	—	札达县底雅乡色孔村
22	底雅拉康	噶举	—	札达县底雅乡底雅村
23	荣堆拉康	宁玛	—	札达县底雅乡荣堆村
24	玛央拉康	噶举	—	札达县底雅乡玛央村
25	鲁巴	格鲁	—	札达县底雅乡鲁巴村
26	益日	噶举	—	札达县底雅乡鲁巴村
27	奴巴拉康	格鲁	—	札达县底雅乡奴巴村

序号	寺庙名称	教派	创建年代	详细地点
28	贡普	宁玛	—	札达县底雅乡贡普村
29	普日	格鲁	—	札达县底雅乡什布奇村
30	萨让	格鲁	—	札达县萨让乡萨让村
31	东嘎	格鲁	—	札达县扎让乡东嘎村
32	当巴	格鲁	—	札达县萨让乡当巴村
33	拉玉拉康	格鲁	—	札达县萨让乡拜噶村
34	拜噶	格鲁	—	札达县萨让乡拜噶村
35	日巴拉康	格鲁	10世纪（仁钦桑布）	札达县萨让乡日巴村
36	曲色	格鲁	—	札达县萨让乡曲色村
37	日帝岗	格鲁	—	札达县萨让乡日帝岗村
38	达巴	格鲁	—	札达县达巴乡达巴村
39	琼隆	格鲁	—	札达县达巴乡琼隆村
40	科迦	萨迦	10世纪（拉德）	普兰县科迦村
41	喜德	萨迦	—	普兰县喜德乡多康村
42	查乌	萨迦	—	普兰县科迦乡岗子村
43	贡普	噶举	—	普兰县吉让乡迦钦村
44	贤佩林	格鲁	—	普兰县吉让乡迦钦村
45	朗喀琼宗	宁玛	—	普兰县噶东乡
46	楚果	格鲁	—	普兰县仁贡乡朵康村
47	果促	格鲁	—	普兰县仁贡乡朵康村
48	其吾	噶举	—	普兰县巴噶乡雄巴村
49	朗波纳	噶举	—	普兰县巴噶乡朗纳村
50	祖楚普	噶举	—	普兰县巴噶乡岗萨村
51	江扎	噶举	—	普兰县巴噶乡岗萨村
52	色龙	噶举	—	普兰县巴噶乡岗萨村
53	曲古	噶举	—	普兰县巴噶乡岗萨村
54	色拉龙	噶举	—	普兰县霍尔乡贡吉村

序号	寺庙名称	教派	创建年代	详细地点
55	玛弥	宁玛	—	改则县玛弥乡查普村
56	扎江	噶举	—	改则县康朵乡玉托村
57	洞措拉康	格鲁	—	改则县洞措乡洞措村
58	诺布拉康	噶举	—	改则县洞措乡诺布村
59	布噶	噶举	—	措勤县达堆乡雅东村
60	门东	噶举	—	措勤县磁石乡门东村
61	尼姑寺	噶举	—	措勤县磁石乡门东村
62	边拉拉康	噶举	—	措勤县磁石乡加绕村
63	扎西岗	格鲁	—	噶尔县扎西岗乡扎西岗村
64	哲达布日	噶举		噶尔县门士乡门士村
65	古入江	本教	—	噶尔县门士乡门士村
66	顿久	格鲁	—	噶尔县门士乡门士村
67	加木拉康	噶举		噶尔县扎西岗乡加木村
68	伦珠曲德	格鲁		日土县日土乡日土村
69	斡江拉康	格鲁	—	日土县斡江乡斡江村
70	扎布拉康	格鲁		日土县日帮乡扎布村
71	次龙拉康	格鲁		日土县日帮乡果巴村
72	扎西曲林	噶举	—	革吉县盐湖乡噶玛村
73	扎迦	噶举	—	革吉县帮巴乡森麦村
74	哲日普	噶举	—	革吉县帮巴乡吉噶村
75	香鲁康	噶举	—	革吉县雄巴乡雄巴村
76	迦巫拉康	噶举	—	革吉县雄巴乡雄巴村

共计 76 处[1]：宁玛 4 处；萨迦 7 处；噶举 30 处；格鲁 35 处

参考 1993 年《阿里地区文物志》、2003 年《阿里史话》、2010 年版《中国文物地图集：西藏自治区分册》以及《西藏自治区文物志》等相关资料，皮央东嘎洞窟遗址 2013 年被列入第七批国家重点文物保护单位。经过第三次全国文物普查工作后，各地文物保护名单均有所增加和调整。

附录三　阿里地区文物单位统计

类别	古遗址	古墓葬	古建筑	石窟寺及石刻	近现代重要史迹	近现代代表性建筑	其他文物	合计
噶尔县	11（7）	5	1	—	1	—	—	18（7）
普兰县	5	—	1（2）	2	—	—	—	8（2）
札达县	17（16）	6	1（4）	17（4）	—	—	—	41（24）
日土县	10	1	—	14	—	—	—	25
革吉县	3	—	—	1	—	—	—	4
改则县	—	—	—	1	—	—	—	1
措勤县	1	—	—	—	—	—	—	1
合　计	47（23）	12	3（6）	35（4）	1	—	—	98（33）
总　计	70	12	9	39	1	—	—	131

附录四　阿里调研日志

1. 曾庆璇西藏阿里调研日志

2010 年，7 月 27 日—9 月 12 日

7 月 27 日　晚上 10：22 上火车，硬座！因为在南京始终买不到去西藏的卧铺票，由南京出发，往拉萨去。

7 月 28 日　在西宁下车，由于一人生病，我们只能在西宁调整几天再去拉萨。

7 月 29 日　今天去买了 31 号晚上 11 点去拉萨的票，我们要在西宁待三天了。

7 月 30 日　天气很晴很热，没什么别的事，我和师姐就去了趟青海湖一日游。

7 月 31 日　今天主要是休息和收拾行装，为晚上 11 点的火车去拉萨做准备。从西宁去拉萨路上也要一天一夜。

8 月 1 日　晚上火车到达拉萨。

8 月 2 日　今天是调整休息，问一下去阿里的车况，确定了明天下午坐卧铺大巴去阿里，走北线。晚上去拜访了彭措朗杰，他一直在西藏文物部门工作，对阿里地区的情况比较了解，给了我们不少指导，受益匪浅。

8 月 3 日　下午我们 2 点多就到了大巴所在的客运站，边等待其他乘客到齐，边打包行李。热心的司机让我们把所有的行李箱外都套上一个麻袋，这样是为了阻挡一路的灰尘，行李全部打包装好已经 4 点半了，大巴开始出发去阿里。

8 月 4 日—8 月 6 日　从拉萨走北线到达阿里的噶尔，从 3 号出发算起一共是三夜两天，其中两天两夜一直在奔波，全线除了刚出拉萨的一段为柏油路其他全部是土路，稍好一点的"搓板路"，也是异常颠簸。在离终点噶尔县还有 5 公里之遥的时候，遇到了大水冲掉了路面，大路变为大河。由于暮色降临，能见度很低，司机们都不敢冒险，不少车辆停在两岸静等天明。我们在野外车上又睡了一夜，直到第二天清晨时，司机用扔石头的方法探好了水深，才一路杀到对岸。我们终于在 6 号的早晨到达了阿里的噶尔，找了家叫"边缘旅馆"的旅馆住下，这家旅馆 120 元一晚，价钱不贵，电话和网络免费，算是不错了。6 号全天我们在旅馆休息休整和记流水账。

8 月 7 日　仍在宾馆里等待和联系文化局长。

8 月 8 日　终于联系上了阿里新上任的文化局李兴国局长。中午李局长请我们一同吃饭，饭菜很丰盛，局长很热情。我们讲了此行的目的和任务，李局长热心地为我们联系了包车事宜。下午他还特意来到我们入住的宾馆，交待了明天去日土县包车以及联络当地文物局

局长的事情。

8月9日 一早起来，9点坐上联系好的出租车去日土县，路上1小时20分钟，由于全是柏油路，车子跑起来也很轻松。今天调研的地方是日土县日土村的伦珠曲德寺。到了县上，我们联系了县上的文物局巴次局长。他带着我们驱车10多公里来到日土村的伦珠曲德寺。这座寺庙坐落在一座山上，山高200多米，是在原来的日土宗山遗址上建立的。一路爬山上去喘得不行，毕竟在海拔4 000多米的地方。伦珠曲德是日土唯一比较有规模的寺庙，有1 200年的历史、7位僧人，全寺现存的建筑只剩下大殿和玛尼拉康两座。我们到下午调研完，回到日土县上，巴次局长请我们吃饭，晚点出租车来接我们，今天的调研就结束了。

8月10日 今天一早起床，包车到普兰县。路上见到了神山冈仁波齐，可惜有云遮住只能看见山脚。途经圣湖玛旁雍错和离圣湖很近的拉昂错，停车拍了些照片，景色美不胜收。路上用了5个小时，到达普兰县后找了一家水利宾馆住下，三人间，条件算是艰苦的，没有热水，冷水是24小时都有的，热水只能用水瓶打来。下午我们在宾馆休息，准备明天去科迦寺调研。

8月11日 晴，科迦寺调研。上午10点半坐车去科迦寺，送我们去的车是从农牧部门借来的，一位文物科的工作人员接待了我们，他向寺里的僧人做了介绍，我们便开始调研了。百柱大殿正在维修，不少房间进不去，只能测绘能进得去的房间和整栋建筑的周长。下午调研结束，坐车往回走的路上看到岗孜沟的山坡上有人居住过的山洞，保存还算完好，我和师姐爬到山上查看，并拍了照片，这是保存很好的洞窟，门窗、楼梯、台子都还依稀可见。

8月12日 今天又去了昨天看到的岗孜沟山洞，汪老师说要做个测绘。这个县上的车实在有些难找，我们联系了昨天带我们的司机，他借了朋友的车送我们去。我们把岗孜沟保存较为完好的洞都测量一遍。傍晚的时候到县周围的村子绕了绕，大多数民居都重建过了，原来的风貌已经难以见到。安居工程无处不在。

8月13日 晴，普兰县。今天跑了三个寺庙，先是香柏林寺，然后是半山洞半悬挑的古宫寺，晚点的时候又去了喜德林寺。香柏林寺，自治区文保，地面是旧的，2002年新修的柱子，原有24根柱子，现有16根新柱，5位僧人，原先有壁画，现在不存了。古宫寺，噶举派，格桑王朝的公主益卓拉姆在此修养而建，古宫益卓殿内有壁画。喜德林寺，1980年第一次修，最近一次2006年修，5位僧人，萨迦派。

8月14日 今天找到了原科迦寺的主任，巴桑。他现在是政协副主席。从他那我们要到了科迦寺的维修资料，原本不能借出来，我们就将文本拍了下来，里面有详细的测绘图。12 点我们又跑了一趟科迦寺，不过壁画还是拍不了，一是里面的喇嘛不允许我们拍，好说歹说只能拍一张，二是墙面过于光滑，用闪光灯就全是反光，而且距离太近，壁画太大。我们拍摄壁画失败了。从科迦寺回来后，我们在村子里绕了一圈，这个村子几乎全部都重建了，所有的房子都是安居工程的新房子，村子已经没什么可看的了。晚上，县文化局副局长来到我们住处，大概是听说来了个工作组吧。他向我们介绍了普兰寺庙的情况，并谈到神山圣湖处还有几座寺庙值得一看，名字是楚果寺、果促寺、杰巫寺、曲古寺。他还说，普兰的民居没什么看头，形式与日喀则的大体一致，洞居都是印度人、尼泊尔人住过了，普兰本地人并没有洞居的历史。这是他的一家之言，我先记下，以后再考证吧。

8 月 15 日　晴，普兰—噶尔。今天原先准备包车去神山的那几座寺庙看看的，结果包车实在太贵了，2 200 元跑一趟还不还价，上午包车无果，于是我们就准备回噶尔了，约了送我们来的出租车司机。趁他还没来，我们包了辆面包车准备去一趟普兰边境的镇子看看，据说普兰建造寺庙的木料是经过那里从尼泊尔运过来的。由于不能出境，我们只能站在边境上拍了些照片。隔得远，我用长焦拉近看了看，貌似都正在修建中，镇子一般。看完边境的镇子，我们就收拾行李准备打道回府了。回噶尔的路上又拍了拍神山和圣湖，不过始终没有看见神山的山峰，直到晚上近 10 点我们才疲惫地回到噶尔，找了家神湖宾馆住下了，是家藏族人开的宾馆。

8 月 16 日　晴，噶尔。今天约了李兴国局长吃饭，主要是谢谢他的关照，联系一下我们的下一站札达的行程。李局长明天就要回拉萨了，所以今天一定要和他见个面。李局长今天特别忙，直到晚上才来我们的住处相见。晚上约好一同去一家火锅店吃饭，临行李局长送我们一人一个小木碗，作为留念。饭后，热情的李局长还邀请我们到他家里去喝了点青稞酒，晚上大家都很尽兴，李局长也联系好了我们去札达的事。我们合了影，回到住处已经快 12 点了。

8 月 17 日　下午到李局长的办公室，找里面的工作人员拿了些相关资料。回去准备准备明天就去札达县调研了。

8 月 18 日　晴，噶尔—札达。上午 11 点到坡上的车站买了三张去札达的票。札达的路还没有修好，又遇连日的大雨，路很险。路上看到土林，很美很壮观，车子一共用了 7 个多小时，晚上 6 点多才到达札达。我们在湖北宾馆的新楼住下，雨水的原因县上还在停电。晚上见到札达县的文化局局长，他也姓李，人很随和，饭后李局长和我们一起回到宾馆，我们一起安排了下面的行程。准备明天去古格王朝看看。

8月19日 早上10点打包好行李，坐车去古格。可惜去古格的路在修，车子开到一小半，只能被迫返回宾馆了，我们只得继续住下。下面的时间也不能浪费了，于是我和师姐两人午饭后就去了离镇子较近的半山腰的托林寺遗址和山上的山洞看看去。一圈跑下来，累得渴得不行。回到宾馆稍作休息，接着又去了托林寺调研，李局长陪同我们一起去的，但是壁画还是不让拍，我们尽量多拍了些让拍的照片。晚上李局长和他的朋友还邀请我们一起吃了饭。

8月20日 今天上午坐车去芒囊村，调研芒囊寺，李局有事没陪同我们一起去，让司机带我们去的。司机有不少亲戚在那个村子，到了那儿，他打了招呼让看管寺庙的人领我们去寺庙，自己去另一家亲戚那儿准备饭菜去了。芒囊村边上也有不少山洞，我们拍照测绘了一下。芒囊寺算是保存得很不错的，大殿向东，前面有院子，大殿内的壁画很精美，保存得很完好，我们做了测绘和拍照，寺庙外面的塔也挺多。中午在藏家吃了午饭，饭后启程去古格，由于修路的原因，我们的车被拦在离古格王朝下面村子的1 000米以外了，只得下车步行，走了约20分钟后，直到下午5、6点才到达村子。司机帮我联络了导游，导游带我们到了一家"德吉家庭旅馆"住下。晚上休息调整一下，准备明天去古格王朝调研。

8月21日 早上8点半起床，吃完早饭到了古格王朝的导游接待处，约10点钟我们跟着导游一起步行去古格城堡，一共走了大约30分钟到达城堡脚下。城堡很高，满山都是前人们开凿的洞穴，最顶上是宫殿，山下是寺庙和山洞。寺庙里面的壁画是不允许被拍的，我们就拍了柱头等建筑构件。下了城堡，我和师姐两人又去了附近的一座寺庙遗址和山洞。导游说寺庙遗址是托林寺的属寺，名字意为放弃的意思，但是读法我忘了。调研完后我们就返回了，返回时走的是另一条路，是沿着河谷走的，一出河谷就看到村子了。回到导游接待处，我们提着行李继续步行回车子停的地方。李局长和苏乡长亲自来接我们，开车送我们回县上，晚上还请我们吃了面条，当地的领导真是热情。

8月22日 今天苏乡长开车带着我们三个人陪同去东嘎村做测量的修路人一起去了皮央·东嘎。一路崎岖，到了皮央遗址，很大一片山上全是山洞，都是当地人的原住处。山顶上还有寺庙，叫皮央寺。东嘎村也有寺庙，看起来很新，是新修的，只有一间殿堂，在山顶上，大门紧锁，我们只看了外观。

8月23日 苏乡长上午去了他的乡，底雅乡。我们也很想去，但是车坐不下了。我们只能留在县上，去周边走走看看。

8月24日 今天去看了托林村，就是县城边上原先的村子调研。调研完村子我和师姐又去爬了另一个山腰的寺庙遗址，不过那里除了残墙什么也没有留下。也许这几天爬山爬多了，我们俩都没什么力气了，看完遗址就返回宾馆休息了。

8月25日 在宾馆休息，出去周边转了转。

8月26日 今天苏乡长的朋友开车送我们去底雅乡，大约12点出发，车子开了9个小时，晚上10点我们才到底雅，真是辛苦司机了。晚上在底雅乡的帐篷旅馆吃了饭，老板娘手艺不错，几个小菜味道很不错。晚上苏乡长还让出他的房间给我们仨住，他自己住到乡里的招待所去了。

8月27日 今天在底雅乡调研。上午去了底雅与印度接壤的什布奇村子。乡长在边防部队借了望远镜，我们通过望远镜看到了印度士兵在山头建的碉堡，一大排。下午去了马阳村调研，这个村子在一片山谷里，布局十分好，村前一大片青稞田呈扇形展开，山上的泉水绕着村子流进田里，村民可以在自家门前的水渠里洗衣服、洗菜，村子里的树很多，有点小江南的感觉。马阳村子边上有个小拉康，布局简单，一间经堂，朝向西面，周围没有转经筒。小经堂门口有个小亭子，里面整齐地放满了刻着六字真言或经文的玛尼石，非常漂亮。

8月28日 从底雅乡出发回县里。今天坐了一天的车从底雅乡回到县里，路上经过鲁巴村，我们下车转了转，拍了些照，这个村也都是安居工程新建的房屋。直到夜里近1点我们才回到县上。

8月29日 今天在札达县待着，小汪回去了，我和师姐再留些时间，看看有没有再可以调研的地方。

8月30日 今天在托林镇上选了几家新建的村民的家和老的佛堂做了测绘。下午去了离县城4、5公里外的山洞群做了调研、测绘。这次看的洞窟保存得比较好，我们还发现了几个套洞，有几个实在太高了，我们爬不上去，就没做到测绘。不过爬上去的套洞挺不错的，有上下楼梯相连，木质楼梯已经不存了，只剩下楼梯洞。

8月31日 今天继续在札达县转转，没什么收获。

9月1日 这次我们又去了一趟古格王朝，希望在它周边发现一些有价值的山洞或遗址。包了车去古格村，在村里住下后我们沿着河谷往古格下面的藏尸洞走去。河谷周围的山上也有一些山洞，不过规模都很一般，保存也不算完好。我们测绘了藏尸洞，虽然历史久远，但是里面的味道仍然有些刺鼻，地上堆满了骨头和破烂的衣服，我和师姐从入口爬进去，蹲在一堆尸骨上做测绘和拍照，这次是我终生都不会忘的。藏尸洞是个套洞，有2、3间不大的洞套在一起，据说现在的洞口是后来才有的，原先的洞口在上面，古格王朝与达拉克的战争后死亡的士兵的头颅被割下换赏钱，尸体就被放进这些洞里，一直留存到现在。

9月2日　在古格村留住一夜过后，今天我们又再次来到了古格城堡的脚下，导游介绍山脚下有不少套洞保存得比较完好。我们发现不少规模很大的套洞，有的洞是僧人修行用的，墙壁上开凿的椭圆形的龛是僧人打坐用的，有的洞是老百姓的住家，布局与僧人修行的洞不太一样，还有一些是储存粮食的等等。我们把能进去的洞都做了测绘和拍照，还有深不见底的洞，扔块石头下去都没有响声，这个是无法测绘的。一直弄到下午，正好有车可以直接回县区，我们就搭上车驱车6、7个小时回到了县区噶尔。

9月3日　今天在噶尔休息一天。

9月4日　今天去了扎西岗调研，在扎西岗村调研了扎西岗寺。扎西岗寺是1984年维修的，不过基本保持了原样，一些柱子是新的，墙壁都是原来的。我们做了测绘。调研完寺庙，本来打算再去扎西岗边境的村子看看，可惜牵扯到边境就难办了，最后没有去成。

9月5日—9月6日　在噶尔联系回拉萨的车子。由于近期雨水实在太大了，北线的路多处被大水冲毁中断了，我们准备坐4500越野车从南线回拉萨。

9月7日—9月12日　回程。7号凌晨从噶尔往拉萨走，8号晚上到拉萨。在拉萨的同学帮我们定了房间，住在新华宾馆。9号在拉萨玩了一天，我自己逛了一下大昭寺，晚上回到宾馆收拾行李。10号早上9点半的火车回南京，路上两天两夜，火车晚点1个多小时，12号早晨10点多到达南京。

2. 徐二帅西藏阿里调研日志

2011年7月21日—8月3日

7月21日　当晚，汪老师、宗师姐、周永华与我一行四人再加藏族司机达瓦乘坐一辆4500越野车从日喀则远赴阿里。车开动时，天已黑暗，又兼小雨，于12点左右到达拉孜县城，在拉孜住下。我夜不能寐，想到从前在书中读到阿里的状况，神秘的雪山冈仁波齐、地貌奇特的札达土林及神秘古老的象雄王国，皆在脑海中幻象出现，乃至沉沉睡去。

7月22日　车子沿219国道开了一天，途径日喀则的昂仁县、萨嘎县、仲巴县，途中在一个名为帕羊的小镇吃了午饭，后来才从地图上看到我们行程之远，当晚9点左右才到达普兰县城。路上亦是非常兴奋，不仅看到壮丽的山川景色，也有诸多的风土人情、寺庙桑烟，美不胜收，让人目不暇接。

到达普兰前，车子经过了"圣湖"玛旁雍错和"鬼湖"拉昂错，出发前曾在书上预先得知，玛旁雍错是中国湖水透明度最大的淡水湖，被尊为高原湖泊之国至尊至贵的王后，今日观之，果然名不虚传，澄蓝的明镜刚出现在车前窗，我已心海荡漾，汪老师和我们都下车拍照留念。幽蓝的湖面清波荡漾，群山隐约而现，云朵层层铺叠，在西藏壮丽的景色已看过太多，但是今日仍能感受湖面的波动与心跳的律动同步而行，引发我内心的潮汐不断。我们在湖边耽搁了一段时间，只是静静地站着，仿佛与这湖面、远山融为一体，内心逐渐平静，融融着空前的安然怡然恬然适然。该到离去时，车子沿着湖边缓缓开动，我一直看着她，目不斜视，直至她消失在山坳里。

再说普兰，是青藏高原之西南门户，历史久远，据藏文资料，在公元初始，它便是象雄国的中心辖区，又为吉德尼玛衮发迹之地。当晚在宾馆住下，又是一阵心潮澎湃，想起白天路上看到纯净一如佛祖心镜的澄湖——玛旁雍错，对普兰又是一阵幻想。

7月23日　来到普兰，乃至初始来到阿里的目的，是为导师国家自然科学基金项目做调研收集材料，同时为我们自己的硕士论文做准备，所以古寺庙、古民居当然是首要的调研对象。

上午先调研了科迦寺，来普兰，怎能不参拜闻名遐迩的科迦寺。科迦寺就位于普兰县城南边孔雀河东岸的一块台地上，被围墙所包围。我们在村中的边防站登记后方进入参观。两座建筑物呈"L"形布局，中间形成不小的广场，广场上有水井和高大的塔钦，左手为觉康，进过廊院、门廊三重门进入大殿，大殿平面是曼陀罗的形式，呈"亚"字形，象征理想的佛国世界；广场正面与围墙大门相对的是百柱殿，其亦是"亚"形的平面，最具特色的是其大殿的大门，雕刻极其精美，题材也多样，有狮子、孔雀等，汪老师告诉我们雕刻题材掺杂有临国尼泊尔的佛教装饰风格。据该寺的老僧人所讲，科迦寺建筑规模曾经盛极一时，东西南北都有大殿，且寺内外有众多的舍利塔。此寺在1990年代已经修复，后来的壁画，大红大绿，实在令人难耐。我个人认为，古迹其实是不可修复的，不过重建一个宗教活动场所而已，不过想来这已足够，附近藏民有一了心愿之处，能够添油燃灯，转经膜拜已是他们最大的满足。村中寺庙其实具备政治、经济、文化的多重意义，在形式上和实质上都是该村凝聚力的核心之点。

下午我们来到另一处久负盛名的寺庙——古宫，传说是仙女益卓拉姆飞升之地，神迹源自于藏戏《诺桑王子》。其位于普兰县城北端，孔雀河北岸山体的崖壁之上，是洞窟式的寺庙，崖壁之上的山顶上有贤佩林寺和原来普兰宗山的遗址。寺庙所在的崖壁上，蜂窝似地满布着窑洞，有古旧的楼台悬空伸出，其上斜挂着数条经幡迎风飞扬。此寺庙危岩凿窟，楼台尽是悬挑而出，与山西浑源悬空寺有异曲同工之妙。其布局形式，主要是有悬挑栈道来连通各个洞窟，我们都惊叹旧时工匠之巧夺天工。

7月24日　今日得益于科迦村当地一位大叔的帮助，我们有机会对当地的民居做了一些测绘，有了相对翔实的资料。

该民居位于科迦村背后倚靠的山腰之上，是碉楼式的土坯砖建筑，高而坚固，两层，呈退台状，已不再住人，因经堂有壁画被保留下来。一层是牛羊圈和储藏柴草的地方，沿陡峭的木梯上到二层——这种木梯是用树干的一半凿成，形式很是古朴，可以移动，如家中的工具梯。二层是人的生活领地，还布置有经堂，经堂三面墙体绘有壁画，很是精美，据大叔讲，之前每户都要供养科迦寺的僧人，并且安排其念经之处，经堂靠屋顶的天窗采光，很是昏暗，加之四围的佛陀菩萨壁画，宗教气氛浓厚。与卫藏地区民居不同，此地窗户很小，黑色窗框上端画有倒"八"字的牛角图案。大叔说，由于地处交通要道，过往人很杂，高墙小窗有防盗功能，另外此处民居的边玛墙由柴草整齐码放于墙头，若有不法之人欲爬墙而入，无着力之处，柴草便会坍塌，贼人也惊恐而走。这皆是防盗之故。

下午经由玛旁雍错，又调研其吾寺等周边小寺，即驱车前往札达，晚上9时左右才到达札达县城。

7月25日 今日是我们到达札达县的第二天，我仍然沉浸在昨日夜幕下经由土林时的那份难以抑制的惊奇之中。白日，在日光骄阳之下，炫目的光线照射在山体之上，向阳的一面金黄起来，明暗有致，全不见昨日夜幕下的怪石嶙峋、焦涩灰枯。土林的高耸伟岸，走近看来，是以细碎砾石与胶质土做横向的叠合；层次分明，是以褶皱和沟壑纵向蚀刻，深入而匀称。在高而平的山脊之下，严整的山体酷似城堡碉群，巍巍然，浩浩然，瑰丽壮阔。汪老师、宗师姐还有我和华仔四人站立在象泉河畔，用镜头捕捉一幕幕焦灼的山影光幕，我尽情地感受着这苍茫浩瀚的令人窒息的美——在西藏高原才能体会到的一种"审美眩晕"。

接着我们调研了今天的重点——托林寺。托林寺建于10世纪后半叶，为藏传佛教后弘期上路弘法之策源地，在藏族历史上的地位举足轻重，它创造了历史，改变了藏族之命运。著名的益西沃、阿底峡、仁钦桑布等人物的故事都由此寺展开。寺庙位于地势平坦的沿河台地上，南有土山为屏，北临象泉河。带我们参观的札达县文广局李局长告诉我们，原来的托林寺建筑规模比今天大很多，除了三大殿，还有近十座中小殿，以及数座僧舍和各类佛塔、塔墙等，由于历史原因，寺庙破坏严重，现仅余三大殿和一座佛塔。朗巴朗则殿形制独特，平面呈多边"亚"字形，唯一大型的立体坛城中心方殿象征须弥山，四周小殿代表四大部洲。寺中的一位老僧人充当我们的向导，据他讲该殿是仿照山南桑耶寺建造的，他还赠给我们一张英国研究者绘制的殿堂轴测图。另外两殿是杜康殿和白殿，内中彩画、塑像精美异常，凝结了印度、尼泊尔、拉达克工匠的心血，同时也融合了三地的佛教艺术风格，是研究古格时期历史的重要史料。

下午对象泉河畔的塔群进行了测绘，塔多且有些体量颇大，让人叹为观止。世事沧桑，古寺不在，新寺僧人依然礼佛诵经。

7月26日　今日调查了著名的古格遗址。

其时，古格遗址多处殿宇正在修复，多亏阿里地区文物局的李局长亦在当地调研，我们也有幸一睹百年屹立的沧桑古堡。

我们在烈日高照下走上古格的石阶，走进白庙、红庙、度母殿和护法神殿的同时立即明了先前的调查者何以看到这些彩塑和壁画时兴奋难抑，这满壁丹青，流光溢彩，生动雀跃。遗址中尚存千余平方米的壁画和部分残缺的彩塑，度母塑像有21尊，虽然断肢残臂，仍可看出当年之雍容华贵、婀娜多姿。

登顶之路乃在这山体中凿出一条向上的通道，最窄处不过容一人通过，"一夫当关，万夫莫开"，当时古格内忧外患，要面对西来强敌拉达克的进犯，还有内部异教徒的作乱，因此才有如此严密之防御体系。

护法神殿正在遗址顶端，狭小黑暗，只能用手电照明观看，壁画主题大多为密宗男女双修佛。

古格其神不止如此，想要说其明白，还需查证多方资料。

7月27日　今日我们驱车前往香孜乡，去调研香孜遗址。到达之后，远远看到遗址位于河对岸。香孜遗址与古格遗址类似，都是山顶建寺庙，其下有诸多洞窟。香孜遗址据说是古格时期的夏宫，现在的洞窟有的成为村民放牲畜饲草的地方，有的成为村民外出劳动遮风避雨的地方。因正值雨季，河流湍急，无法过河调研，拍下遗址全貌，就此作罢。

下午前往热布加林寺，寺庙位于沿河的山包之上，大殿外有两座塔，我们寻遍四周，门都锁着，比较巧也比较幸运，刚好碰上前几日在札达县城一起吃饭的国土局长来此地调研，他叫来了村中僧人将门打开，我们遂对寺庙建筑做了详尽的测绘。后得知此为该寺之新寺，当地一藏人指旁边一山巅之上，我们看到有断壁残垣，据其说是古寺遗址，我们又费力爬上测绘。

7月28日　达巴遗址调研

达巴遗址距古格本不算远，奈何道路崎岖难行，我们驱车3小时才到达，其时为古格王国之属国，为其"卫星城"。与多香遗址、香孜遗址相若。

到达时正值中午，我们先来到乡政府处打听，乡长热情款待，给我们做了面条，面条观感不佳，却是十分可口，调研途中常常因为路途遥远而错过吃饭时间，这碗面真是雪中送炭。吃饭期间，乡长还给我们介绍了达巴乡的其他胜迹，另外他说他是前段由曲松乡调过来的，恰好我们正要到曲松调研，又是一阵问询，得知曲松之路难走，他形容为"九百九十九道弯"，去往之事只能再商榷。

饭后稍作休息，乡长及当地村民充当向导带我们上山调研，上山之路极难走，但对于当地人来讲确是轻松异常，我们虽不算初涉高原，但爬山耗费体力也是极累，汪老师也与我们一起，我很是佩服。我们好不容易爬至山巅，方知遗址是由数个群落组成，除了我们自身站立的山巅，还有山谷对面的崖壁上布满了密密麻麻的孔洞，此处山顶有战壕遗迹，有寺庙、僧舍等遗址，可以说是集军事、宗教、聚居区为一体的大型聚落。我们对其中的几处宫殿和洞窟进行了测绘，怀疑这里是其时达巴宗山的所在地。遗址已为西藏自治区文物保护单位。

7月29日 皮央·东嘎遗址

来前便听宗师姐说过皮央·东嘎的洞窟群是阿里洞窟遗址中最有名气也最具艺术气息的一处，因为皮央·东嘎洞窟群是学者们目前发现的海拔最高、壁画面积最大的高原洞窟群。我们在山野中穿梭多时，观尽土林形态各异，终于随李局来到皮央·东嘎遗址。先到达的是皮央遗址，皮央遗址即现在皮央村所依靠的山体，山体呈南北走向的长条形，顶部高出村庄近百米，是建筑与洞窟集合的大型遗址。简单地拍照后，我们又随李局来到东嘎遗址。先到达的是最为著名的几孔壁画洞，位于一朝南的断崖之上，壁面很是平整，几孔洞窟就位于绝壁之上。主要调查了三孔洞窟，有两孔顶部都有汉地套斗藻井的样式处理。壁画题材是曼陀罗的坛城样式，至今已600多年，而今保存依旧，度母衣袂飘飘，尤为传神。能看到如此精美的壁画，实为我人生之幸。今日所见壁画，确实是来阿里所见之保存最为完好的，绘制也最为精美，谁料到偏远的土林深处，竟有如此的艺术圣殿，真是让人叹为观止。后又来到东嘎村倚靠的山体上调研了曲林寺遗址，进行了详细的测绘，又到午饭时间，幸亏宗师姐口袋装有几个巧克力，我们将就对付了一下。

东嘎和皮央村所倚靠的山体都是大型的洞窟群，今天的村子和过去的村子时空错位般呈现在眼前。是先人后裔从洞窟中搬迁下来，还是后来人见此地依山面水新建村落于此？不论如何，先人对村落的选址和今人对于生活所依赖的地理环境呈现出了惊人的一致。

7月30日 穹隆银城遗址和古入江寺

今天的目的地是穹隆银城，昨天听达巴乡乡长提及过这个遗址，说有壁画洞，并且洞窟颇多，很是期待。我们并不知道银城的所在，所以也是一路打听。沿着象泉河向西，一路仍是焦灼的土林地貌，却有意外收获。我们发现了一处寺庙，汪老师带我们一行下车，准备调研，司机达瓦是位虔诚的佛教徒，逢寺庙必拜，今天先进入大殿后却出来了，告诉我们说该寺庙是苯教寺庙，转经方向是反的。这时我们才发现寺庙的雍仲符号确实和藏传佛教相反。寺庙有僧人能说汉语，于是我们迎上去打探了究竟。令人惊喜的是，据该僧人介绍，该寺竟然是阿里地区硕果仅存的苯教寺庙，更重要的是，该寺后的山壁上有苯教创始人辛饶弥沃修行的洞窟，这收获真是意外惊喜，早从书上看到阿里札达、普兰一带是苯教的发源地，不想今日刚好碰到，汪老师也很是激动，给远在昌都丁青调研苯教寺庙的戚师兄打电话通消息，我们在大殿内参观了该寺出土的一些文物，据说价值极高，惭愧我学识太浅，未看出究竟。后来在僧人的带领下又参观了山后的山洞。

整装继续寻找穹隆银城，沿河继续向西了个把小时，遇见了个村子。达瓦下车打听到该村叫曲龙村，村东的山上便是穹隆银城，我们大喜过望，下车上山，此又是借助山体铸造的一座城池！满布的孔洞，和近乎白色的土质，在太阳的照耀下发散着灼灼的银光，我方知它何以叫做"银城"，山坡上有些残损的塔，里面有擦擦，我们继续向上，排查每一个洞窟，用了2个小时左右，并未发现有壁画洞，都是满布烟炱的居住洞窟。日已西斜，很是失望，下山离去。

到札达县城的住处又是天色已晚。

7月31日　在札达县宾馆休息，本来预备第二天到曲松乡调研，司机达瓦被先前乡长所讲的"九百九十九道弯"震骇，故而不敢驱车前往。经过商榷准备第二天前往噶尔县。

8月1日　早起出发，又是一天车程，快到晚饭的点，终于到了阿里的首府噶尔县。

8月2日　今天前往日土，先去看了日土宗遗址，正在修复中。

又往班公错，大美动心，我想永远不能忘记湛蓝湖水与远山白云相映成趣的景象，记住班公错，它是我在西藏看到的第二美丽的湖泊，第一当属玛旁雍错，因为它已深深地印在我的心中。

8月3日　调研工作结束，准备回日喀则，一路高山旷野，翻过了无数道的山梁。到晚上时，将到拉孜县城，汪老师已给留守的徐海涛师兄打电话订房间，不想遇到意外，前方的桥被水冲塌，前面车辆已经排了一长串，再想往回倒，又是一串车辆。无奈之下，在这一风雨飘摇的夜里，在海拔4 000余米的高原上，我度过了西藏调研的最难忘的一晚。西藏的晚上颇冷，本想关闭窗户，但空气稀薄，还得留下缝隙通风呼吸。汪老师担心我们受凉，还把他的羽绒服拿出来让我们三个在后座盖上，并且把他的毛衣给我穿上。夜里雨打车窗，外面水声潺潺，我夜不能寐，想起阿里调研的种种，焦灼的土林，澄蓝的湖面，还有奇异的风土人情……

图书在版编目（CIP）数据

阿里传统建筑与村落 / 汪永平等编著 . -- 南京：
东南大学出版社，2017.5
（喜马拉雅城市与建筑文化遗产丛书 / 汪永平主编）
ISBN 978-7-5641-6976-3

Ⅰ . ①阿… Ⅱ . ①汪… Ⅲ . ①古建筑–建筑艺术–阿
里地区②村落–古建筑–阿里地区 Ⅳ .
① TU-092.975.2

中国版本图书馆 CIP 数据核字（2017）第 008611 号

书　　名：阿里传统建筑与村落
责任编辑：戴　丽　魏晓平
装帧方案：王少陵
责任印制：周荣虎
出版发行：东南大学出版社
社　　址：南京市四牌楼 2 号
邮　　编：210096
出 版 人：江建中
网　　址：http://www.seupress.com
电子邮箱：press@seupress.com
印　　刷：深圳市精彩印联合印务有限公司
经　　销：全国各地新华书店
开　　本：700mm×1000mm　　1/16
印　　张：18.5
字　　数：342 千字
版　　次：2017 年 5 月第 1 版
印　　次：2017 年 9 月第 2 次印刷
书　　号：ISBN 978-7-5641-6976-3
定　　价：99.00 元

若有印装质量问题，请与营销部联系。电话：025-83791830